高职高专教育"十二五"规划教材

应 用 数 学

主　编　刘丽瑶

副主编　黄晓津

U0266321

中国水利水电出版社

www.waterpub.com.cn

内容提要

本书是作者根据高职教育人才培养目标,结合自己在多年的教学中积累的丰富经验而编写。内容包括预备知识(三角函数与复数)、函数与极限、导数与微分、导数的应用、不定积分、定积分及其应用、常微分方程。

书中各章内容之间具有相对的独立性,授课教师可根据专业需要自行选取。书中各章均配有小结、习题、测试题,书末附有习题与测试题参考答案,方便学生自测及教师组卷。

本书可作为高中起点和中职起点的高职高专各专业通用数学教材。

本书配有免费电子教案,读者可以从中国水利水电出版社网站以及万水书苑下载,网址为:http://www.waterpub.com.cn/softdown/或http://www.wsbookshow.com。

图书在版编目(CIP)数据

应用数学 / 刘丽瑶主编. —北京 : 中国水利水电出版社,2012.8(2016.7重印)

高职高专教育"十二五"规划教材
ISBN 978-7-5084-9835-5

Ⅰ. ①应… Ⅱ. ①刘… Ⅲ. ①应用数学－高等职业教育－教材 Ⅳ. ①O29

中国版本图书馆 CIP 数据核字(2012)第 116644 号

策划编辑:周益丹　责任编辑:杨元泓　加工编辑:杨　谷　封面设计:李　佳

书　名	高职高专教育"十二五"规划教材 应用数学
作　者	主　编　刘丽瑶　副主编　黄晓津
出版发行	中国水利水电出版社 (北京市海淀区玉渊潭南路1号D座 100038) 网址:www.waterpub.com.cn E-mail:mchannel@263.net(万水) 　　　　sales@waterpub.com.cn 电话:(010)68367658(发行部)、82562819(万水)
经　售	北京科水图书销售中心(零售) 电话:(010)88383994、63202643、68545874 全国各地新华书店和相关出版物销售网点
排　版	海马书装
印　刷	北京正合鼎业印刷技术有限公司
规　格	170mm×227mm　16 开本　13.5 印张　263 千字
版　次	2012 年 8 月第 1 版　2016 年 7 月第 6 次印刷
印　数	13001—15500 册
定　价	28.00 元

前 言

近年来，随着高职教育跨越式的发展与高职教育人才培养目标的确定，传统的高等数学教学模式已无法满足在新形势下的要求，对此，本书作者们根据自己在多年的教学中积累的丰富经验和对高职高专教学改革的独到认识，编写了此书。

本书的编写原则是：以"应用型"的人才培养目标为主线，强调应用，弱化理论。

本书有以下特色：

1. 广泛征求专业课教师的意见，增加三角函数与复数的内容，为专业基础课程教学打下坚实的基础；

2. 结合高职教育的人才培养目标，适度降低理论水平，对于重要的公式定理，尽可能地不用繁杂的数理推导，而是采用较为直观的图形法及验证法说明定理的正确性；

3. 力求理论联系实际，书中配有大量的实际案例与实际问题；

4. 为使学生快速掌握各章主要内容，各章均附有小结；

5. 各章均有测试题，方便学生自测及教师组卷。

本书主编为刘丽瑶，副主编为黄晓津。

参加本书编写的作者为：刘丽瑶（第3章、第4章），黄晓津（第6章），李寿军（第1章、第2章），陈雄波（第7章），郭文池（第5章）。

在本书编写过程中，得到了湖南铁道职业技术学院有关部门及陈承欢、张杰、刘东海、杨茜玲、林东升、刘荣胜、朱彬彬、郭辉、易锋、沈昆芳、刘普庆等老师的大力支持，在此一并表示衷心感谢。

由于编审人员水平有限，成书仓促，故希望使用本书的教师及学生对书中的错误和不足之处提出宝贵的意见和建议。

编 者

2012 年 5 月

目 录

第一章　预备知识

§1-1　三角函数

一、任意角的三角函数

1.三角函数的概念

如图 1-1 所示,设 α 是任意大小的角,角 α 的终边上任意一点 A 的坐标是 (x,y),它与原点的距离是 $r(r>0)$,则角 α 的正弦、余弦、正切、余切、正割、余割分别是

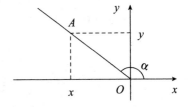

图 1-1

$$\sin\alpha=\frac{y}{r},\cos\alpha=\frac{x}{r},\tan\alpha=\frac{y}{x},$$

$$\cot\alpha=\frac{x}{y},\sec\alpha=\frac{r}{x},\csc\alpha=\frac{r}{y}$$

2.三角函数的诱导公式

(1)负角的三角函数关系

$$\sin(-\alpha)=-\sin\alpha,\qquad \cos(-\alpha)=\cos\alpha$$

$$\tan(-\alpha)=-\tan\alpha,\qquad \cot(-\alpha)=-\cot\alpha$$

(2)终边相同的角的三角函数关系

$$\sin(2k\pi+\alpha)=\sin\alpha,\qquad \cos(2k\pi+\alpha)=\cos\alpha$$

$$\tan(2k\pi+\alpha)=\tan\alpha,\qquad \cot(2k\pi+\alpha)=\cot\alpha \qquad (k\in\mathbf{Z})$$

(3)$2\pi-\alpha$ 与 α 的三角函数关系

$$\sin(2\pi-\alpha)=-\sin\alpha,\qquad \cos(2\pi-\alpha)=\cos\alpha$$

$$\tan(2\pi-\alpha)=-\tan\alpha,\qquad \cot(2\pi-\alpha)=-\cot\alpha$$

(4)$\pi\pm\alpha$ 与 α 的三角函数关系

$$\sin(\pi\pm\alpha)=\mp\sin\alpha,\qquad \cos(\pi\pm\alpha)=-\cos\alpha,$$

$$\tan(\pi\pm\alpha)=\pm\tan\alpha,\qquad \cot(\pi\pm\alpha)=\pm\cot\alpha \qquad (k\in\mathbf{Z})$$

利用诱导公式求任意角的三角函数值,一般可按下面的步骤进行:

$$\boxed{\begin{array}{c}\text{任意负角的}\\\text{三角函数}\end{array}}\rightarrow\boxed{\begin{array}{c}\text{任意正角的}\\\text{三角函数}\end{array}}\rightarrow\boxed{\begin{array}{c}0\sim2\pi\text{间角}\\\text{的三角函数}\end{array}}\rightarrow\boxed{\begin{array}{c}0\sim\dfrac{\pi}{2}\text{间角}\\\text{的三角函数}\end{array}}\rightarrow\boxed{\begin{array}{c}\text{求}\\\text{值}\end{array}}$$

例1 求下列各三角函数值:

(1) $\sin\left(-\dfrac{17}{3}\pi\right)$;　　　　　　　　　　(2) $\cot(-1665°)$.

解 (1) $\sin\left(-\dfrac{17}{3}\pi\right)=\sin\left(-3\times2\pi+\dfrac{\pi}{3}\right)=\sin\dfrac{\pi}{3}=\dfrac{\sqrt{3}}{2}$;

(2) $\cot(-1665°)=-\cot1665°=-\cot(4\times360°+225°)$

$=-\cot225°=-\cot(180°+45°)=-\cot45°=-1$.

二、三角函数的图像及性质

1. 三角函数的图像

图 1—2

图 1—3

图 1—4

图 1—5

2. 三角函数的性质

	$y=\sin x$	$y=\cos x$	$y=\tan x$	$y=\cot x$
定义域	$x\in\mathbf{R}$	$x\in\mathbf{R}$	$x\in\mathbf{R}$ 且 $x\neq k\pi+\dfrac{\pi}{2}$	$x\in\mathbf{R}$ 且 $x\neq k\pi$
值域	$y\in[-1,1]$	$y\in[-1,1]$	$y\in\mathbf{R}$	$y\in\mathbf{R}$
周期性	$T=2\pi$	$T=2\pi$	$T=\pi$	$T=\pi$
奇偶性	奇函数	偶函数	奇函数	奇函数
单调递增区间	$\left[2k\pi-\dfrac{\pi}{2},2k\pi+\dfrac{\pi}{2}\right]$	$[2k\pi-\pi,2k\pi]$	$\left(k\pi-\dfrac{\pi}{2},k\pi+\dfrac{\pi}{2}\right)$	
单调递减区间	$\left[2k\pi+\dfrac{\pi}{2},2k\pi+\dfrac{3\pi}{2}\right]$	$[2k\pi,2k\pi+\pi]$		$(k\pi,k\pi+\pi)$

例 2 求下列函数的周期：

(1) $y=3\cos x$;   (2) $y=2\sin\left(\dfrac{1}{2}x-\dfrac{\pi}{6}\right)$.

解 (1)因为 $\cos x$ 的最小正周期是 $T=2\pi$,所以当自变量 $x(x\in\mathbf{R})$ 增加到 $x+2\pi$ 且必须增加到 $x+2\pi$ 时,函数 $\cos x$ 的值重复出现,函数 $3\cos x$ 的值也重复出现. 因此,函数 $y=3\cos x$ 的周期(即最小正周期,下同)是 $T=2\pi$.

(2)把 $\dfrac{1}{2}x-\dfrac{\pi}{6}$ 看成是一个新的变量 z,那么 $2\sin z$ 的周期是 $T=2\pi$,由于

$$z+2\pi=\left(\dfrac{1}{2}x-\dfrac{\pi}{6}\right)+2\pi=\dfrac{1}{2}(x+4\pi)-\dfrac{\pi}{6};$$

所以当自变量 $x(x\in\mathbf{R})$ 增加到 $x+4\pi$ 且必须增加到 $x+4\pi$ 时,函数的值重复出现. 因此函数 $y=2\sin\left(\dfrac{1}{2}x-\dfrac{\pi}{6}\right)$ 的周期是 $T=4\pi$.

一般地,函数 $y=A\sin(\omega x+\varphi)$ 或 $y=A\cos(\omega x+\varphi)$(其中 A,ω,φ 为常数且 $A\neq0,\omega>0,x\in R$)的周期是 $T=\dfrac{2\pi}{\omega}$.

三、同角三角函数的基本关系

(1)倒数关系

$$\sin x\csc x=1,\cos x\sec x=1,\tan x\cot x=1$$

(2)商数关系

$$\tan x = \frac{\sin x}{\cos x}, \cot x = \frac{\cos x}{\sin x}$$

（3）平方关系

$$\sin^2 x + \cos^2 x = 1, 1 + \tan^2 x = \sec^2 x, 1 + \cot^2 x = \csc^2 x$$

例 3 已知 $\sin x = \dfrac{4}{5}$ 并且 x 是第二象限的角，求 x 的其他三角函数值．

解 由 $\sin^2 x + \cos^2 x = 1$，可得 $\cos x = \pm \sqrt{1 - \sin^2 x}$

又由 x 是第二象限的角，$\cos x < 0$，故知

$$\cos x = -\sqrt{1 - \sin^2 x} = -\sqrt{1 - \left(\frac{4}{5}\right)^2} = -\frac{3}{5};$$

$$\tan x = \frac{\sin x}{\cos x} = -\frac{4}{3}; \cot x = \frac{1}{\tan x} = -\frac{3}{4};$$

$$\sec x = \frac{1}{\cos x} = -\frac{5}{3}; \csc x = \frac{1}{\sin x} = \frac{5}{4}.$$

习题 1-1

1．已知角 x 的终边经过点 $(2, -3)$，求 x 的六个三角函数值．

2．已知 $\sin x = \dfrac{4}{5}$，并且 x 是第二象限的角，求 x 的其他三角函数值．

3．已知 $\cot x = m (m \neq 0)$，求 $\cos x$．

4．化简下列各式：

　　(1) $\sqrt{1 - \sin^2 100°}$；　　　　　　　　(2) $\sqrt{\sec^2 x - 1}$．

5．求证：$\cot^2 x (\tan^2 x - \sin^2 x) = \sin^2 x$．

6．求证：$\dfrac{\cos x}{1 - \sin x} = \dfrac{1 + \sin x}{\cos x}$．

§1-2 两角和与差的三角函数

一、两角和与差的三角函数

$$\cos(x + y) = \cos x \cos y - \sin x \sin y;$$
$$\cos(x - y) = \cos x \cos y + \sin x \sin y;$$
$$\sin(x + y) = \sin x \cos y + \cos x \sin y;$$
$$\sin(x - y) = \sin x \cos y - \cos x \sin y;$$

$$\tan(x+y) = \frac{\tan x + \tan y}{1 - \tan x \tan y};$$

$$\tan(x-y) = \frac{\tan x - \tan y}{1 + \tan x \tan y}.$$

例 1　不查表求 $\cos 105°$ 及 $\sin 15°$ 的值.

解　$\cos 105° = \cos(60° + 45°) = \cos 60° \cos 45° - \sin 60° \sin 45°$

$$= \frac{1}{2} \cdot \frac{\sqrt{2}}{2} - \frac{\sqrt{3}}{2} \cdot \frac{\sqrt{2}}{2} = \frac{\sqrt{2} - \sqrt{6}}{4};$$

$\sin 15° = \sin(45° - 30°) = \sin 45° \cos 30° - \cos 45° \sin 30°$

$$= \frac{\sqrt{2}}{2} \cdot \frac{\sqrt{3}}{2} - \frac{\sqrt{2}}{2} \cdot \frac{1}{2} = \frac{\sqrt{6} - \sqrt{2}}{4}.$$

例 2　求 $\dfrac{1 + \tan 75°}{1 - \tan 75°}$ 的值.

解　由于 $\tan 45° = 1$，所以

$$\frac{1 + \tan 75°}{1 - \tan 75°} = \frac{\tan 45° + \tan 75°}{1 - \tan 45° \tan 75°} = \tan(45° + 75°) = \tan 120° = -\sqrt{3}.$$

二、二倍角的正弦、余弦、正切

$$\sin 2x = 2 \sin x \cos x;$$

$$\cos 2x = \cos^2 x - \sin^2 x = 1 - 2\sin^2 x = 2\cos^2 x - 1;$$

$$\tan 2x = \frac{2\tan x}{1 - \tan^2 x}.$$

例 3　已知 $\sin x = \dfrac{5}{13}$，$x \in \left(\dfrac{\pi}{2}, \pi\right)$ 求 $\sin 2x$, $\cos 2x$, $\tan 2x$ 的值.

解　由于 $\sin x = \dfrac{5}{13}$，$x \in \left(\dfrac{\pi}{2}, \pi\right)$，故有

$$\cos x = -\sqrt{1 - \sin^2 x} = -\sqrt{1 - \left(\frac{5}{13}\right)^2} = -\frac{12}{13};$$

于是 $\sin 2x = 2\sin x \cos x = 2 \times \dfrac{5}{13} \times \left(-\dfrac{12}{13}\right) = -\dfrac{120}{169};$

$$\cos 2x = 1 - 2\sin^2 x = 1 - 2 \times \left(\frac{5}{13}\right)^2 = \frac{119}{169};$$

$$\tan 2x = \frac{\sin 2x}{\cos 2x} = -\frac{120}{119}.$$

三、半角的正弦、余弦、正切

$$\sin \frac{x}{2} = \pm \sqrt{\frac{1-\cos x}{2}}; \qquad \cos \frac{x}{2} = \pm \sqrt{\frac{1+\cos x}{2}};$$

$$\tan \frac{x}{2} = \pm \sqrt{\frac{1-\cos x}{1+\cos x}} = \frac{\sin x}{1+\cos x}.$$

三个公式中根号前的符号,由 $\frac{x}{2}$ 所在象限来确定,如果没有给出限定符号的条件,根号前面应保持正负两个符号.

例 4 已知 $\cos x = \frac{1}{2}$,求 $\sin \frac{x}{2}$,$\cos \frac{x}{2}$,$\tan \frac{x}{2}$.

解 $\sin \frac{x}{2} = \pm \sqrt{\frac{1-\cos x}{2}} = \pm \sqrt{\frac{1-\frac{1}{2}}{2}} = \pm \frac{1}{2};$

$$\cos \frac{x}{2} = \pm \sqrt{\frac{1+\cos x}{2}} = \pm \sqrt{\frac{1+\frac{1}{2}}{2}} = \pm \frac{\sqrt{3}}{2};$$

$$\tan \frac{x}{2} = \pm \frac{\frac{1}{2}}{\frac{\sqrt{3}}{2}} = \pm \frac{\sqrt{3}}{3}.$$

四、三角函数的积化和差与和差化积

1. 三角函数的积化和差

$$\sin x \cos y = \frac{1}{2} \big[\sin(x+y) + \sin(x-y) \big];$$

$$\cos x \sin y = \frac{1}{2} \big[\sin(x+y) - \sin(x-y) \big];$$

$$\cos x \cos y = \frac{1}{2} \big[\cos(x+y) + \cos(x-y) \big];$$

$$\sin x \sin y = -\frac{1}{2} \big[\cos(x+y) - \cos(x-y) \big].$$

2. 三角函数的和差化积

$$\sin x + \sin y = 2\sin \frac{x+y}{2} \cos \frac{x-y}{2};$$

$$\sin x - \sin y = 2\cos \frac{x+y}{2} \sin \frac{x-y}{2};$$

$$\cos x + \cos y = 2\cos\frac{x+y}{2}\cos\frac{x-y}{2};$$

$$\cos x - \cos y = -2\sin\frac{x+y}{2}\sin\frac{x-y}{2}.$$

例 5 求下列三角函数的值：

(1) $\sin 15° \sin 30° \sin 75°$；

(2) $\cos 10° \cos 30° \cos 50° \cos 70°$.

解 (1) $\sin 15° \sin 30° \sin 75° = \dfrac{1}{2}\sin 15° \sin 75° = \dfrac{1}{2}\sin 15° \cos 15°$

$$= \dfrac{1}{4}\sin 30° = \dfrac{1}{8};$$

或 $\sin 15° \sin 30° \sin 75° = \dfrac{1}{2}\sin 15° \sin 75°$

$$= -\dfrac{1}{4}\left[\cos(15°+75°) - \cos(15°-75°)\right]$$

$$= -\dfrac{1}{4}(\cos 90° - \cos 60°) = -\dfrac{1}{4}\left(-\dfrac{1}{2}\right) = \dfrac{1}{8}.$$

(2) $\cos 10° \cos 30° \cos 50° \cos 70° = \cos 10° \cdot \dfrac{\sqrt{3}}{2} \cdot \dfrac{1}{2}\left[\cos(50°+70°) + \cos(50°-70°)\right]$

$$= \dfrac{\sqrt{3}}{4}\cos 10°\left(-\dfrac{1}{2} + \cos 20°\right) = -\dfrac{\sqrt{3}}{8}\cos 10° + \dfrac{\sqrt{3}}{4}\cos 10° \cos 20°$$

$$= -\dfrac{\sqrt{3}}{8}\cos 10° + \dfrac{\sqrt{3}}{8}(\cos 30° + \cos 10°)$$

$$= -\dfrac{\sqrt{3}}{8}\cos 10° + \dfrac{\sqrt{3}}{8} \cdot \dfrac{\sqrt{3}}{2} + \dfrac{\sqrt{3}}{8}\cos 10°$$

$$= \dfrac{3}{16}.$$

例 6 求 $\sin 75° - \sin 15°$ 的值.

解 $\sin 75° - \sin 15° = 2\cos\dfrac{75°+15°}{2}\sin\dfrac{75°-15°}{2} = 2\cos 45° \sin 30° = \dfrac{\sqrt{2}}{2}.$

五、反三角函数

正弦函数 $y = \sin x, x \in \left[-\dfrac{\pi}{2}, \dfrac{\pi}{2}\right]$ 的反函数是 $y = \arcsin x, x \in [-1,1]$；

余弦函数 $y = \cos x, x \in [0, \pi]$ 的反函数是 $y = \arccos x, x \in [-1,1]$；

正切函数 $y = \tan x, x \in \left(-\dfrac{\pi}{2}, \dfrac{\pi}{2}\right)$ 的反函数是 $y = \arctan x, x \in (-\infty, +\infty)$；

余切函数 $y=\cot x, x\in(0,\pi)$ 的反函数是 $y=\operatorname{arccot}x, x\in(-\infty,+\infty)$.

习题 1-2

1.已知 $\sin x=\dfrac{15}{17}, \cos y=-\dfrac{5}{13}$,并且 x,y 都是第二象限的角,求 $\cos(x+y)$, $\sin(x-y)$ 的值.

2.证明:$(1)\cos\left(\dfrac{\pi}{2}-x\right)=\sin x$; $\quad(2)\sin\left(\dfrac{\pi}{2}-x\right)=\cos x$.

3.已知 $\sin x=0.8, x\in\left(0,\dfrac{\pi}{2}\right)$,求 $\sin2x, \cos2x, \tan2x$ 的值.

4.已知 $\cos x=-\dfrac{3}{5}$,并且 $x\in\left(\pi,\dfrac{3\pi}{2}\right)$,求 $\tan\dfrac{x}{2}$.

5.求 $2\cos\dfrac{9\pi}{13}\cos\dfrac{\pi}{13}+\cos\dfrac{5\pi}{13}+\cos\dfrac{3\pi}{13}$ 的值.

6.求 $\sin^2 10°+\cos^2 40°+\sin10°\cos40°$ 的值.

§1-3 复数

一、复数的表示形式

由于解方程的需要(如 $x^2+1=0$),人们引进了一个新数 i,叫做虚数单位,并规定:

(1)$i^2=-1$;

(2)实数可以与它进行四则运算,且原有的加、乘运算律仍然成立.

虚数单位 i 的规律是:

$i^{4n}=1; i^{4n+1}=i; i^{4n+2}=-1; i^{4n+3}=-i.$

1.复数的代数形式

数 $z=a+bi(a,b\in\mathbf{R})$ 叫复数的代数形式.当 $b=0$ 时是实数,当 $b\neq0$ 时叫虚数,当 $a=0, b\neq0$ 时叫纯虚数;a,b 分别叫做复数 $z=a+bi$ 的实部与虚部.

两个虚数相等的充分必要条件是它们的实部与虚部分别相等.即

$$a+bi=c+di\Leftrightarrow a=c \text{ 且 } b=d$$

两个复数实部相等,虚部互为相反数时,称这两个复数为共轭复数,即 $z=a+bi$ 与 $z=a-bi$ 互为共轭复数.

实数的共轭复数就其本身.

2. 复数的向量表示

任何一个复数 $z=a+bi(a,b\in\mathbf{R})$ 都可以由一个有序实数对 (a,b) 唯一确定,这就使我们可以借用平面直角坐标系来表示复数 $z=a+bi(a,b\in\mathbf{R})$.

图 1—6

如图 1—6 所示,点 Z 的横坐标是 a,纵坐标是 b,复数 $z=a+bi$ 可以用点 $Z(a,b)$ 来表示.这个建立了直角坐标系来表示复数的平面叫做复平面.x 轴叫实轴,y 轴除去原点的部分叫虚轴(因为原点表示实数 0,原点不在虚轴上).

我们把既有绝对值大小,又有方向的量叫做向量.其绝对值的大小叫做向量的模.

复数可以用向量来表示,如图 1—7 所示.如设复平面内的点 $Z(a,b)$ 表示复数 $z=a+bi$,连接 OZ,如果把有向线段 OZ(方向是从点 O 指向点 Z)看成向量,记作 $\overrightarrow{OZ}$,就把复数与向量联系起来了.很明显,向量 $\overrightarrow{OZ}$ 是由点 Z 唯一确定的;反过来,点 Z 也可以由向量 $\overrightarrow{OZ}$ 唯一确定.所以,我们也把复数 $z=a+bi$ 说成点 Z,也说成向量 $\overrightarrow{OZ}$.并且规定相等的向量表示同一个复数.

图 1—7

3. 复数的三角形式

与复数 $z=a+bi$ 对应的向量 $\overrightarrow{OZ}$ 的模 r 叫做这个复数的模,并且

$$r=\sqrt{a^2+b^2}$$

以 x 轴的正半轴为始边向量 $\overrightarrow{OZ}$ 为终边的角 θ 叫做复数 $z=a+bi$ 的辐角.

不等于零的复数 $z=a+bi$ 的辐角有无穷多个值,这些值相差 2π 的整数倍.适合于 $0\leqslant\theta<2\pi$ 的辐角 θ 的值,叫做辐角的主值.通常记作 $\arg z$,即 $0\leqslant\arg z<2\pi$.

每一个不等于零的复数有唯一的模与辐角主值,并且可由它的模与辐角主值唯一确定.因此,两个非零复数相等当且仅当它们的模与辐角主值分别相等.

如果复数 $z=0$,那么与它对应的向量 $\overrightarrow{OZ}$ 缩成一个点(零向量),这样的向量的方向是任意的,所以复数 0 的辐角也是任意的.由复数的代数形式与向量形式的对应关系,有

$$\begin{cases}a=r\cos\theta\\b=r\sin\theta,\end{cases}$$
$$a+bi=r\cos\theta+ir\sin\theta=r(\cos\theta+i\sin\theta)$$

其中 $r=\sqrt{a^2+b^2}$,$\cos\theta=\dfrac{a}{r}$,$\sin\theta=\dfrac{b}{r}$.

因此,任何一个复数 $z=a+bi$ 都可以表示成

$$a+bi=r(\cos\theta+i\sin\theta)$$

的形式,称 $r(\cos\theta+i\sin\theta)$ 为复数的三角形式.

注意 复数的三角形式中括号内的第一项必须是 $\cos\theta$,第二项必须是 $i\sin\theta$,且第一、二项之间必须用"＋"连接,括号外的 r 必须非负.

如 $r(-\cos\theta+i\sin\theta)$ 及 $r(\cos\theta-i\sin\theta)$ 都是复数的代数形式,而不是复数的三角形式.

例1 把复数 $\sqrt{3}+i$ 表示成三角形式.

解 $r=\sqrt{3^2+1^2}=2,\cos\theta=\dfrac{\sqrt{3}}{2},\sin\theta=\dfrac{1}{2}$

因为 $\sqrt{3}+i$ 对应的点在第一象限,所以 $\arg(\sqrt{3}+i)=\dfrac{\pi}{6}$,于是有

$$\sqrt{3}+i=2(\cos\frac{\pi}{6}+i\sin\frac{\pi}{6}).$$

4. 复数的指数形式

由欧拉公式 $\cos\theta+i\sin\theta=e^{i\theta}$,复数 $z=a+bi$ 还可以表示为

$$z=a+bi=r(\cos\theta+i\sin\theta)=re^{i\theta}$$

称 $re^{i\theta}$ 为复数的指数形式.

二、复数的运算

1. 复数的加法运算

复数的加法运算是将复数的实部与实部相加减,虚部与虚部相加减. 即

$$(a+bi)\pm(c+di)=(a\pm c)+(b\pm d)i$$

复数的加法运算对复数的代数形式比较方便.

例2 已知复数 $z_1=3+2i,z_2=5-\dfrac{1}{3}i$,求 z_1+z_2 与 z_1-z_2.

解 $z_1+z_2=(3+5)+(2-\dfrac{1}{3})i=8+\dfrac{5}{3}i$;

$z_1-z_2=(3-5)+(2+\dfrac{1}{3})i=-2+\dfrac{7}{3}i.$

复数的向量形式的加法按平行四边形法则进行.

2. 复数的乘法运算

复数代数形式的乘法运算是多项式的乘法运算进行,并将 i^2 用 -1 表示.

例如: $(a+bi)(c+di)=ac+bci+adi+bdi^2=(ac-bd)+(bc+ad)i.$

复数三角形式和指数形式的乘法是把复数的模相乘,辐角相加

例如：$r_1(\cos\theta_1+i\sin\theta_1)r_2(\cos\theta_2+i\sin\theta_2)=r_1r_2[\cos(\theta_1+\theta_2)+i\sin(\theta_1+\theta_2)]$.

事实上

$$r_1(\cos\theta_1+i\sin\theta_1)r_2(\cos\theta_2+i\sin\theta_2)=r_1r_2[(\cos\theta_1+i\sin\theta_1)(\cos\theta_2+i\sin\theta_2)]$$

$$=r_1r_2[\cos\theta_1\cos\theta_2+i\sin\theta_1\cos\theta_2+i\cos\theta_1\sin\theta_2+i^2\sin\theta_1\sin\theta_2]$$

$$=r_1r_2[(\cos\theta_1\cos\theta_2-\sin\theta_1\sin\theta_2)+i(\sin\theta_1\cos\theta_2+\cos\theta_1\sin\theta_2)]$$

$$=r_1r_2[\cos(\theta_1+\theta_2)+i\sin(\theta_1+\theta_2)]$$

即

$$r_1\mathrm{e}^{i\theta_1}r_2\mathrm{e}^{i\theta_2}=r_1r_2\mathrm{e}^{i(\theta_1+\theta_2)}$$

复数的乘法运算对复数的三角形式和指数形式比较方便.

例 3 已知复数 $z_1=\sqrt{3}\left(\cos\dfrac{5\pi}{13}+i\sin\dfrac{5\pi}{13}\right)$，$z_2=3\left(\cos\dfrac{11\pi}{13}+i\sin\dfrac{11\pi}{13}\right)$，求 z_1z_2.

解 $z_1z_2=\sqrt{3}\left(\cos\dfrac{5\pi}{13}+i\sin\dfrac{5\pi}{13}\right)3\left(\cos\dfrac{11\pi}{13}+i\sin\dfrac{11\pi}{13}\right)$

$$=3\sqrt{3}\left[\cos\left(\dfrac{5\pi}{13}+\dfrac{11\pi}{13}\right)+i\sin\left(\dfrac{5\pi}{13}+\dfrac{11\pi}{13}\right)\right]$$

$$=3\sqrt{3}\left(\cos\dfrac{16\pi}{13}+i\sin\dfrac{16\pi}{13}\right).$$

3. 复数的除法运算

(1)复数代数形式的除法运算

两个复数相除，可以把它们的商写成分式的形式，然后把分子分母同乘以分母的共轭复数，并且把结果化简，即

$$\dfrac{a+bi}{c+di}=\dfrac{(a+bi)(c-di)}{(c+di)(c-di)}=\dfrac{(ac+bd)+(bc-ad)i}{c^2+d^2}$$

$$=\dfrac{ac+bd}{c^2+d^2}+\dfrac{bc-ad}{c^2+d^2}i(c+di\neq0).$$

(2)复数的三角形式与指数形式的除法运算

复数的三角形式与指数形式的除法运算是将它们的模相除，辐角相减，即

$$\dfrac{r_1(\cos\theta_1+i\sin\theta_1)}{r_2(\cos\theta_2+i\sin\theta_2)}=\dfrac{r_1}{r_2}[\cos(\theta_1-\theta_2)+i\sin(\theta_1-\theta_2)]=\dfrac{r_1\mathrm{e}^{i\theta_1}}{r_2\mathrm{e}^{i\theta_2}}=\dfrac{r_1}{r_2}\mathrm{e}^{i(\theta_1-\theta_2)}.$$

事实上，我们有

$$\dfrac{r_1(\cos\theta_1+i\sin\theta_1)}{r_2(\cos\theta_2+i\sin\theta_2)}=\dfrac{r_1}{r_2}\dfrac{(\cos\theta_1+i\sin\theta_1)(\cos\theta_2-i\sin\theta_2)}{(\cos\theta_2+i\sin\theta_2)(\cos\theta_2-i\sin\theta_2)}$$

$$=\dfrac{r_1}{r_2}\dfrac{(\cos\theta_1\cos\theta_2+\sin\theta_1\sin\theta_2)+i(\sin\theta_1\cos\theta_2-\cos\theta_2\sin\theta_1)}{\cos^2\theta_2+\sin^2\theta_2}$$

$$=\dfrac{r_1}{r_2}[\cos(\theta_1-\theta_2)+i\sin(\theta_1-\theta_2)].$$

一般来说，复数的除法运算时把复数化为三角形式或指数形式时比较方便.

例 4 计算 $4\left(\cos\dfrac{4\pi}{3}+i\sin\dfrac{4\pi}{3}\right)\div 2\left(\cos\dfrac{5\pi}{6}+i\sin\dfrac{5\pi}{6}\right)$.

解 $4\left(\cos\dfrac{4\pi}{3}+i\sin\dfrac{4\pi}{3}\right)\div 2\left(\cos\dfrac{5\pi}{6}+i\sin\dfrac{5\pi}{6}\right)=\dfrac{4\left(\cos\dfrac{4\pi}{3}+i\sin\dfrac{4\pi}{3}\right)}{2\left(\cos\dfrac{5\pi}{6}+i\sin\dfrac{5\pi}{6}\right)}$

$$=2\left[\cos\left(\dfrac{4\pi}{3}-\dfrac{5\pi}{6}\right)+i\sin\left(\dfrac{4\pi}{3}-\dfrac{5\pi}{6}\right)\right]=2\left[\cos\dfrac{\pi}{2}+i\sin\dfrac{\pi}{2}\right]$$

$$=2i.$$

4. 复数的乘方与开方

复数的 $n(n\in\mathbf{N})$ 次幂的模等于这个复数模的 n 次幂,它的辐角等于这个复数的辐角的 n 倍. 即

$$[r(\cos\theta+i\sin\theta)]^n=r^n(\cos n\theta+i\sin n\theta)(n\in\mathbf{N})$$

复数的 $n(n\in\mathbf{N})$ 次方根是 n 个复数,它们的模都等于这个复数的模的 n 次算术根,它们的辐角分别等于这个复数的辐角与 2π 的 $0,1,2,\cdots,n-1$ 倍的和的 n 分之一. 即

复数 $r(\cos\theta+i\sin\theta)$ 的 n 次方根是

$$\sqrt[n]{r}\left(\cos\dfrac{\theta+2k\pi}{n}+i\sin\dfrac{\theta+2k\pi}{n}\right)\quad(k=0,1,\cdots,n-1).$$

例 5 计算 $(\sqrt{3}-i)^6$.

解 因为 $\sqrt{3}-i=2\left(\cos\dfrac{11\pi}{6}+i\sin\dfrac{11\pi}{6}\right)$,所以

$$(\sqrt{3}-i)^6=\left[2\left(\cos\dfrac{11\pi}{6}+i\sin\dfrac{11\pi}{6}\right)\right]^6=2^6(\cos 11\pi+i\sin 11\pi)$$

$$=64(\cos\pi+i\sin\pi)=64\cdot(-1)=-64.$$

例 6 求 $1-i$ 的立方根.

解 由于 $1-i=\sqrt{2}\left(\cos\dfrac{7\pi}{4}+i\sin\dfrac{7\pi}{4}\right)$,所以 $1-i$ 的立方根是

$$\sqrt[6]{2}\left(\cos\dfrac{\dfrac{7\pi}{4}+2k\pi}{3}+i\sin\dfrac{\dfrac{7\pi}{4}+2k\pi}{3}\right)=\sqrt[6]{2}\left(\cos\dfrac{7\pi+8k\pi}{12}+i\sin\dfrac{7\pi+8k\pi}{12}\right)$$

$$(k=0,1,2)$$

即 $1-i$ 的立方根是下面三个复数

$$z_1=\sqrt[6]{2}\left(\cos\dfrac{7\pi}{12}+i\sin\dfrac{7\pi}{12}\right);\ z_2=\sqrt[6]{2}\left(\cos\dfrac{5\pi}{4}+i\sin\dfrac{5\pi}{4}\right);$$

$$z_3 = \sqrt[6]{2}\left(\cos\frac{23\pi}{12} + i\sin\frac{23\pi}{12}\right).$$

习题 1-3

1. 计算 $(1-2i)(3+4i)(-2+i)$.

2. 计算 $\left(\dfrac{1}{2} - \dfrac{\sqrt{3}}{2}i\right)^3$.

3. 计算 $(1+2i) \div (3-4i)$.

4. 设 $a \in \mathbf{R}^+$，求 $-a$ 的平方根.

5. 已知 $z = \dfrac{(4-3i)^2(-1+\sqrt{3}i)^{10}}{(1-i)^{12}}$，求 $|z|$.

6. 计算 $\dfrac{(1-\sqrt{3}i)(\cos x + i\sin x)}{(1-i)(\cos x - i\sin x)}$.

本章小结

本章的主要内容是任意角的三角函数的概念，同角三角函数间的关系，诱导公式，两角和与差的三角函数，以及复数的概念，复数的代数、几何、三角、指数的表示方法以及复数的有关运算.

1. 同角三角函数的基本关系的八个公式是进行三角恒等变换的重要基础，它在化简三角函数式和证明三角恒等式等问题中经常用到. 这八个公式间的关系可以用一个正六边形来表示.

2. 掌握了诱导公式后，就可以把任意角的三角函数化为 $0 \sim \dfrac{\pi}{2}$ 间角的三角函数，在诱导公式中正弦、余弦的诱导公式是最基本的.

3. 两角和与差的三角函数中公式较多，关键是要掌握两角和或差的余弦公式，或两角和或差的正弦公式化中一个，其余公式都可以由它进行推导. 要注意的是在半角公式中，根号前的符号由半角所在的象限来决定.

4. 在复数中要注意实数、虚数、纯虚数、复数之间的关系，复数的分类表如下

5. 在复数的运算中,加减运算比较适合复数的代数形式,乘除及乘方、开方比较适合复数的三角形式和指数形式.

测试题一

一、判断题

请在你认为正确的命题后面的括号内打"√",错误的打"×".

1. 正弦函数 $y = \sin x$ 只在区间 $\left[-\dfrac{\pi}{2}, \dfrac{\pi}{2}\right]$ 上单调增加; ( )

2. 正切函数 $y = \tan x$ 的定义域是全体实数; ( )

3. $\cos(x+y) = \cos x \cos y + \sin x \sin y$; ( )

4. 任何一个复数都可以在复平面内找到唯一的一个点与其对应; ( )

5. 复数 $-2-i$ 的模 $r = -\sqrt{5}$; ( )

6. 复数 1 的立方根等于 1. ( )

二、填空题

1. $a\sin 0° + b\cos 90° + \cot 180° = $ _____ ;

2. 角 α 终边上一点的坐标是 $(3, -4)$ 则 $\cos \alpha = $ _____ ;

3. 已知 $\sin x = \dfrac{15}{17}, x \in \left(\dfrac{\pi}{2}, \pi\right)$ 则 $\cos\left(\dfrac{\pi}{3} - x\right) = $ _____ ;

4. $\cos\left(x + \dfrac{\pi}{4}\right) + \cos\left(x - \dfrac{\pi}{4}\right) = $ _____ ;

5. 复数 $8\left(\cos \dfrac{11\pi}{6} + i\sin \dfrac{11\pi}{6}\right)$ 的代数形式是 _____ ;

6. $(\cos 3x - i\sin 3x)(\cos 2x - i\sin 2x) = $ _____ ;

7. $(1 + \sqrt{3}i)^4 = $ _____ ;

8. $\left[2(\cos 15° + i\sin 15°)\right]^6 = $ _____ .

三、选择题

1. $k\pi+\dfrac{3\pi}{2}(k\in\mathbf{Z})$ 是（　　）.

    A. 第一象限角   B. 第二象限角

    C. 第三象限角   D. 不属于任何象限的角

2. 已知 $\tan x=m$, $x\in\left(\dfrac{\pi}{2},\dfrac{3\pi}{2}\right)$ 则 $\sin x$ 可表示为（　　）.

    A. $\dfrac{m}{\sqrt{1+m^2}}$ B. $-\dfrac{m}{\sqrt{1+m^2}}$

    C. $\pm\dfrac{m}{\sqrt{1+m^2}}$ D. $\dfrac{|m|}{\sqrt{1+m^2}}$

3. 在 $\triangle ABC$ 中, $\sin A=\dfrac{3}{5}$, $\cos B=\dfrac{5}{13}$ 则 $\sin(A+B)$ 的值为（　　）.

    A. $\dfrac{63}{65}$ B. $-\dfrac{63}{65}$

    C. $-\dfrac{33}{65}$ D. $\dfrac{33}{65}$

4. 下列等式成立的是（　　）.

    A. $\arg(1-\sqrt{2})=0$ B. $\arg(-\sqrt{3}i)=-\dfrac{\pi}{2}$

    C. $\arg(5i)=\dfrac{\pi}{2}$ D. $(\sin 18°+i\cos 18°)^2=\sin 36°+i\cos 36°$

5. $\left(\dfrac{\sqrt{3}+i}{2}\right)^6+\left(\dfrac{-\sqrt{3}+i}{2}\right)^6$ 的值等于（　　）.

    A. 2   B. -2

    C. 0   D. 1

6. $\dfrac{(-1+\sqrt{3}i)^3}{(1+i)^6}-\dfrac{-2+i}{1+2i}$ 等于（　　）.

    A. 0   B. 1

    C. -1 D. i

四、解答题

1. 求下列各式的值:

(1) $(1+\tan^2 x)\cos^2 x$;   (2) $(\tan x+\cot x)^2-(\tan x-\cot x)^2$.

2. 化简 $\dfrac{\cot(-x-\pi)\cdot\sin(\pi+x)}{\cos(-x)\cdot\tan(2\pi+x)}$.

3. 不查表，求 $\cos 105°$ 及 $\cos 15°$ 的值．

4. 化简 $\sin 50°(1+\sqrt{3}\tan 10°)$．

5. 求 $\sin^2 10°+\cos^2 40°+\sin 10°\cos 40°$ 的值．

6. 计算 $(5-6i)+(-2-i)-(3+4i)$．

7. 计算 $(1+2i)\div(3-4i)$．

8. 设 $(\sqrt{3}-i)^m=(1+i)^n$，求最小的自然数 m, n．

9. 在复平面内，已知等边三角形的两个顶点所表示的复数分别为 $2, \dfrac{1}{2}+\dfrac{\sqrt{3}}{2}i$，求第三个顶点对应的复数．

10. 利用复数证明：$\cos \dfrac{\pi}{11}+\cos \dfrac{3\pi}{11}+\cdots+\cos \dfrac{9\pi}{11}=\dfrac{1}{2}$．

第二章 函数、极限与连续

函数与极限是数学中两个重要而基本的概念. 函数是高等数学研究的主要对象,极限则是揭示变量变化趋势的有力工具. 本章将在复习和加深函数有关知识的基础上,讨论函数的极限和函数的连续性等问题.

§2·1 初等函数

一、基本初等函数

基本初等函数包括五大类共 16 个函数,它们是:

1. 幂函数 $y=x^a$(a 是常数)及常数函数 $y=C$;

2. 指数函数 $y=a^x$($a>0$ 且 $a\neq1$)及 $y=\mathrm{e}^x$;

3. 对数函数 $y=\log_a x$($a>0$ 且 $a\neq1$)及 $y=\ln x$;

4. 三角函数 $y=\sin x,y=\cos x,y=\tan x(x\neq k\pi+\frac{\pi}{2}),y=\cot x(x\neq k\pi)$,

$y=\sec x(x\neq k\pi+\frac{\pi}{2}),y=\csc x(x\neq k\pi)$;

5. 反三角函数 $y=\arcsin x(-1\leqslant x\leqslant1),y=\arccos x(-1\leqslant x\leqslant1)$,

$y=\arctan x,y=\operatorname{arccot} x$.

二、函数的几种特性

1. 函数的单调性

如果函数 $f(x)$ 在某区间 I 上随着 x 的增大而增大(或减小),即对于 I 上任意两点 x_1 及 x_2,当 $x_1<x_2$ 时,总有

$$f(x_1)<f(x_2)(\text{或 } f(x_1)>f(x_2)),$$

则函数 $f(x)$ 叫做区间 I 上的单调增加(或减少)函数.

例如,$y=x^2$ 在 $(-\infty,0)$ 内单调减少,在 $(0,+\infty)$ 内单调增加,$(-\infty,0)$ 称为函数的单调减少区间,$(0,+\infty)$ 称为函数的单调增加区间,它们统称为函数 $y=x^2$ 的单调区间.

单调增加函数的图形沿着 x 轴的正向而上升,单调减少函数的图形沿着 x 轴的正向而下降.

注意 证明函数单调的方法一般可用"作差法"或"作商法".

"作差法"就是在定义域内任取 $x_1 < x_2$,证明 $f(x_1) - f(x_2) < 0$ 或证明
$$f(x_1) - f(x_2) > 0.$$

"作商法"就是在定义域内任取 $x_1 < x_2$,证明
$$\frac{f(x_1)}{f(x_2)} < 1 \text{ 或 } \frac{f(x_1)}{f(x_2)} > 1, f(x_2) \neq 0.$$

2. 函数的奇偶性

如果函数 $f(x)$ 对于定义域内的任意 x 都有
$$f(-x) = -f(x)(\text{或 } f(-x) = f(x)),$$
则 $f(x)$ 叫做奇(或偶)函数.

例如,$y = \sin x$,$y = x^3 - x$ 是奇函数;$y = \cos x$,$y = x^4 + x^2$ 是偶函数;$y = 2^x$,$y = \arccos x$ 既不是奇函数也不是偶函数.

显然,由定义可知奇、偶函数的定义域均关于原点对称.这也是证明一个函数是奇函数还是偶函数的必要条件.

可以证明:奇函数的图像关于原点对称,偶函数的图像关于 y 轴对称.

特别地,函数 $y = 0$ 既是奇函数也是偶函数.

3. 函数的周期性

如果函数 $f(x)$ 存在一个不为零的常数 l,使得关系式
$$f(x+l) = f(x)$$
对于定义域内的任何 x 值都成立,则 $f(x)$ 叫做周期函数,l 叫做函数 $f(x)$ 的周期.

通常,我们说周期函数的周期是指最小正周期,并且用 T 表示.

例如,由于 $\sin(x+2\pi) = \sin x$,所以 $\sin x$ 的周期是 $T = 2\pi$.

一个以 l 为周期的周期函数,在定义域内每个长度为 l 的区间上,函数图像有相同的形状.

注意 有的周期函数有无穷多个周期,但它没有最小正周期,如常数函数 $y = C$.

4. 函数的有界性

设函数 $y = f(x)$ 在区间 I 上有定义,如果存在正数 M,使得对于区间 I 上的任何 x 值,对应函数值 $f(x)$ 都满足不等式
$$|f(x)| \leqslant M,$$
则称函数 $f(x)$ 在区间 I 上有界;反之,如果这样的 M 不存在,则称函数 $f(x)$ 在区间 I 上无界.

有界函数的图像介于两条平行直线 $y = \pm M$ 之间.例如,$y = \arctan x$ 是有界函

数,其图像介于 $y=\pm\dfrac{\pi}{2}$ 两平行直线之间,而 $y=\log_2 x$ 是一个无界函数.

三、反函数

设函数 $y=f(x)$,如果把 y 当作自变量,x 当作函数,则由关系式 $y=f(x)$ 所确定的函数 $x=\varphi(y)$ 叫做函数 $y=f(x)$ 的反函数,而 $y=f(x)$ 叫做直接函数.

由于习惯上采用字母 x 表示自变量,而用字母 y 表示函数,因此往往把函数 $x=\varphi(y)$ 改写成 $y=\varphi(x)$.

若在同一坐标平面上作出直接函数 $y=f(x)$ 和反函数 $y=\varphi(x)$ 的图形,则这两个图形关于直线 $y=x$ 对称. 例如,函数 $y=a^x$ 和它的反函数 $y=\log_a x$ 的图像就关于直线 $y=x$ 对称,如图 2-1 所示.

图 2-1

如果自变量取定值时,对应的函数值是唯一的,称这样的函数叫单值函数,例如 $y=\cos x$ 是单值函数;如果自变量取定值时,对应的函数值有两个或两个以上,则称这样的函数叫多值函数,例如 $\dfrac{x^2}{a^2}+\dfrac{y^2}{b^2}=1$ 是多值函数. 以后如果没有特别说明,指的都是单值函数.

注意 (1)直接函数与其反函数互称为反函数;

(2)只有单值函数才具有反函数;

(3)求反函数时要注明其定义域.

四、复合函数

在实际问题中,常会遇到由几个较简单的函数组合而成较复杂的函数. 例如,由函数 $y=u^2$ 和 $u=\sin x$ 可以组合成 $y=\sin^2 x$;由函数 $y=\ln u$ 和 $u=e^x$ 可以组合成 $y=\ln e^x$,这种组合称为函数的复合.

定义 1 如果 y 是 u 的函数 $y=f(u)$,而 u 又是 x 的函数 $u=\varphi(x)$,并且 $\varphi(x)$ 的函数值的全部或部分在 $f(u)$ 的定义域内,则 y 通过 u 的联系也是 x 的函数. 这个函数叫做由函数 $y=f(u)$ 及 $u=\varphi(x)$ 复合而成的函数,简称为复合函数,记作 $y=f[\varphi(x)]$,其中 u 叫做中间变量.

值得注意的是,不是任何两个函数都可以复合成一个函数,例如 $y=\arccos u$ 和 $u=2+x^2$ 就不能复合成一个函数,因为对于 $u=2+x^2$ 中的任何 u 值,都不能使 $y=\arccos u$ 有意义.另外,复合函数也可以由两个以上的函数复合成一个函数,例如 $y=\ln u$、$u=\sin v$ 及 $v=\sqrt{x}$ 可以复合成函数 $y=\ln \sin \sqrt{x}$.

正确分析复合函数的构成是相当重要的,它在很大程度上决定了以后是否能熟练掌握微积分的方法和技巧. 分解复合函数的方法是将复合函数分解成基本初等函数或基本初等函数之间(或与常数)的和、差、积、商.

例 1 指出下列复合函数的复合过程:

(1)$y=\sin 2^x$;   (2)$y=\ln\cos 3x$;

(3)$y=\cos^2(3x+1)$;   (4)$y=a^{\ln\sqrt{1+2x}}$.

解 (1) $y=\sin 2^x$ 是由 $y=\sin u,u=2^x$ 复合而成的;

(2) $y=\ln\cos 3x$ 是由 $y=\ln u,u=\cos v,v=3x$ 复合而成的;

(3) $y=\cos^2(3x+1)$ 是由 $y=u^2,u=\cos v,v=3x+1$ 复合而成的;

(4) $y=a^{\ln\sqrt{1+2x}}$ 是由 $y=a^u,u=\ln v,v=\sqrt{t},t=1+2x$ 复合而成的.

例 2 将下列各题中的 y 表示为 x 的函数

(1)$y=u^3,u=\sin x$;   (2)$y=\ln u,u=3^v,v=\dfrac{1}{x}$.

解 (1)$y=\sin^3 x$;   (2)$y=\ln 3^{\frac{1}{x}}$.

五、初 等 函 数

由基本初等函数和常数经过有限次四则运算或有限次的复合所构成的,并能用一个式子表示的函数叫做初等函数.

例如,$y=\arccos\sqrt{\dfrac{1}{x+2}}$,$y=x\ln e^x-3x+2$,$y=\tan^3\dfrac{x^2+3}{2}$ 等都是初等函数. 在本书中所讨论的函数绝大多数都是初等函数.

注意 分段函数不一定是初等函数. 例如,分段函数

$$f(x)=\begin{cases}1, & x\geqslant 0 \\ -1, & x<0\end{cases}$$

就不是初等函数,因为它不能由基本初等函数经过有限次的四则运算或有限次的复合得到. 但分段函数

$$f(x)=\begin{cases}x, & x\geqslant 0 \\ -x, & x<0\end{cases}$$

可以表示为 $f(x)=\sqrt{x^2}$,它可以看作 $f(x)=\sqrt{u}$ 和 $u=x^2$ 复合而成的复合函数,因此它是初等函数.

习题 2-1

1. 求下列函数的定义域：

(1) $y = \dfrac{x}{\tan x}$；

(2) $y = \lg \sqrt{\dfrac{1-x}{1+x}}$；

(3) $y = \arcsin \sqrt{5x}$；

(4) $y = \sqrt{\sin x} + \dfrac{1}{\ln(2+x)}$.

2. 判断下列函数的奇偶性：

(1) $f(x) = 2x^2 - 5\cos x$；

(2) $f(x) = x\cos\dfrac{1}{x}$；

(3) $f(x) = \ln(x - \sqrt{x^2+1})$；

(4) $f(x) = \sin x - \cos x$.

3. 下列函数哪些是周期函数？对于周期函数，指出其周期：

(1) $y = |\sin x|$；

(2) $y = 3\sin(\dfrac{1}{2}x + \dfrac{\pi}{6})$；

(3) $y = \sin x + \cos\dfrac{x}{2}$；

(4) $y = x\sin x$.

4. 求下列函数的反函数：

(1) $y = \sqrt[3]{2x-1}$；

(2) $y = \dfrac{1-x}{1+x}$；

(3) $y = \dfrac{2^x}{2^x+1}$；

(4) $y = 1 + \log_{\frac{1}{2}}(x+2)$.

5. 指出下列函数的复合过程：

(1) $y = \sqrt[3]{2x-1}$；

(2) $y = e^{-x}$；

(3) $y = \arccos(1-x^2)$；

(4) $y = \cos^2(2x+1)$；

(5) $y = \ln\tan 3x$；

(6) $y = \ln\ln\ln^4 x$.

6. 写出下列函数的复合函数：

(1) $y = u^2, u = \sin v, v = \dfrac{x+1}{2}$；

(2) $y = \sin u, u = x^2$.

§2-2 函数的极限

一、数列的极限

在中学已经学习过数列和数列的极限，它的定义是：

定义 2 按一定顺序排列的一列数,叫作数列.组成数列的数叫作这个数列的项,第一个数叫数列的第一项,记作 a_1;第二个数叫数列的第二项,记作 a_2;…;第 n 个数叫数列的第 n 项,也叫通项,记作 a_n.数列一般可以写成形式

$$a_1, a_2, \cdots, a_n, \cdots$$

并记作 $\{a_n\}$,有时也简记为 a_n.

例如 $1, \dfrac{1}{2}, \dfrac{1}{3}, \cdots \dfrac{1}{n}, \cdots$

可记作 $\left\{\dfrac{1}{n}\right\}$.

定义 3 如果当 n 无限增大时,数列 $\{a_n\}$ 无限接近于一个确定的常数 A,则称常数 A 是数列 $\{a_n\}$ 的极限,或称数列 $\{a_n\}$ 收敛于 A,记作

$$\lim_{n \to \infty} a_n = A, \text{或 } a_n \to A (n \to \infty).$$

例如,当 $n \to \infty$ 时数列 $\left\{\dfrac{2n + (-1)^{n+1}}{n}\right\}$ 的极限是 2,可记作

$$\lim_{n \to \infty} \frac{2n + (-1)^{n+1}}{n} = 2 \text{ 或 } \frac{2n + (-1)^{n+1}}{n} \to 2 (n \to \infty).$$

注意 (1)在数列极限中数项 n 都是趋于正无穷大;

(2)只有无穷数列才可能存在极限.

例 1 观察下列数列的变化趋势,写出它们的极限:

(1)$a_n = \dfrac{1}{n}$;   (2)$a_n = 3 - \dfrac{1}{n^3}$;

(3)$a_n = \left(-\dfrac{1}{3}\right)^n$;   (4)$a_n = 100$.

解 计算出数列的前几项,考察当 $n \to \infty$ 时数列的变化趋势如下表:

n	1	2	3	4	$\cdots$	∞
$a_n = \dfrac{1}{n}$	$\dfrac{1}{1}$	$\dfrac{1}{2}$	$\dfrac{1}{3}$	$\dfrac{1}{4}$	$\cdots$	0
$a_n = 3 - \dfrac{1}{n^3}$	$3 - \dfrac{1}{1}$	$3 - \dfrac{1}{8}$	$3 - \dfrac{1}{27}$	$3 - \dfrac{1}{64}$	$\cdots$	3
$a_n = \left(-\dfrac{1}{3}\right)^n$	$-\dfrac{1}{3}$	$\dfrac{1}{9}$	$-\dfrac{1}{27}$	$\dfrac{1}{81}$	$\cdots$	0
$a_n = 100$	100	100	100	100	$\cdots$	100

可以看出,它们的极限分别是:

(1)$\lim\limits_{n \to \infty} a_n = \lim\limits_{n \to \infty} \dfrac{1}{n} = 0$;

$$(2) \lim_{n \to \infty} a_n = \lim_{n \to \infty} \left(3 - \frac{1}{n^3} \right) = 3;$$

$$(3) \lim_{n \to \infty} a_n = \lim_{n \to \infty} \left(-\frac{1}{3} \right)^n = 0;$$

$$(4) \lim_{n \to \infty} a_n = \lim_{n \to \infty} 100 = 100.$$

二、函数的极限

我们在研究函数时,常常需要研究在自变量的某个变化过程中,对应的函数值是否无限地接近某个确定的常数. 如果存在这样的常数,则称此常数为函数在自变量的这个变化过程中的极限. 由于自变量的变化过程不同,函数极限概念也就表现为不同的形式.

1. $x \to \infty$ 时,函数 $f(x)$ 的极限

我们先列表考察函数 $f(x) = \dfrac{2}{x}$ 当 $x \to \infty$ 时的变化趋势:

x	± 10000	± 1000000	± 100000000	± 1000000000	$\to \infty$
$\dfrac{1}{x}$	± 0.0002	± 0.000002	± 0.00000002	± 0.000000002	$\to 0$

由上表可知:当 $x \to \infty$ 时,$f(x) = \dfrac{2}{x}$ 的值无限接近于零,即当 $x \to \infty$ 时,$f(x) \to$ 0. 如图 2—2 所示,这种变化趋势是明显的,即当 $x \to \infty$ 时,函数 $f(x) = \dfrac{2}{x}$ 的图像无限接近于 x 轴.

为此有如下的定义:

定义 4 如果当 x 的绝对值无限增大(即 $x \to \infty$)时,函数 $f(x)$ 无限接近于一个确定的常数 A,则称 A 为函数 $f(x)$ 当 $x \to \infty$ 时的极限,记为

$$\lim_{x \to \infty} f(x) = A \quad \text{或} \quad \text{当 } x \to \infty \text{ 时}, f(x) \to A.$$

由定义知,当 $x \to \infty$ 时,$f(x) = \dfrac{1}{x}$ 的极限是 0,即 $\lim\limits_{x \to \infty} \dfrac{1}{x} = 0$.

在上述定义中,自变量 x 的绝对值无限增大指的是既取正值无限增大(记为 $x \to +\infty$),同时也取负值而绝对值无限增大(记为 $x \to -\infty$). 但有时自变量的变化趋势只能或只需取这两种变化中的一种情形,为此有下面的定义:

定义 5 如果当 $x \to +\infty$(或 $x \to -\infty$)时,函数 $f(x)$ 无限接近一个确定的常数 A,则称 A 为函数 $f(x)$ 当 $x \to +\infty$(或 $x \to -\infty$)时的极限,记为

$$\lim_{\substack{x \to +\infty \\ (x \to -\infty)}} f(x) = A,$$

或　　　当 $x \to +\infty (x \to -\infty)$ 时，$f(x) \to A$.

例如，由图 2-2 知

$$\lim_{x \to +\infty} \frac{2}{x} = 0 \text{ 及 } \lim_{x \to -\infty} \frac{2}{x} = 0,$$

这两个极限与 $\lim\limits_{x \to \infty} \dfrac{2}{x} = 0$ 相等，都是 0.

又如，由图 2-3 知

$$\lim_{x \to +\infty} \arctan x = \frac{\pi}{2} \text{ 及 } \lim_{x \to -\infty} \arctan x = -\frac{\pi}{2},$$

由于当 $x \to +\infty$ 和 $x \to -\infty$ 时，函数 $\arctan x$ 不是无限接近于同一个确定的常数，所以 $\lim\limits_{x \to \infty} \arctan x$ 不存在.

图 2-2　　　　　　　　　图 2-3

由上面的讨论，我们得出下面的定理：

定理 1　$\lim\limits_{x \to \infty} f(x) = A$ 的充要条件是 $\lim\limits_{x \to +\infty} f(x) = \lim\limits_{x \to -\infty} f(x) = A$.

证明从略.

例 1　求 $\lim\limits_{x \to +\infty} e^{-x}$ 和 $\lim\limits_{x \to -\infty} e^{x}$.

解　由图 2-4 可

$$\lim_{x \to +\infty} e^{-x} = 0, \quad \lim_{x \to -\infty} e^{x} = 0.$$

例 2　讨论当 $x \to \infty$ 时，函数 $y = \text{arccot} x$ 的极限.

解　因为

$$\lim_{x \to +\infty} \text{arccot} x = 0,$$
$$\lim_{x \to -\infty} \text{arccot} x = \pi.$$

图 2-4

这两个极限存在但不相等，所以 $\lim\limits_{x \to \infty} \text{arccot} x$ 不存在.

2. $x \to x_0$ 时, 函数 $f(x)$ 的极限

先列表考察函数 $f(x) = \dfrac{x}{2} + 5$ 当 $x \to 2$ 时的变化趋势:

x	2.1	2.01	2.001	2.0001	……	→2
$f(x)$	6.05	6.005	6.0005	6.00005	……	→6

x	1.9	1.99	1.999	1.9999	……	→2
$f(x)$	5.95	5.995	5.9995	5.99995	……	→6

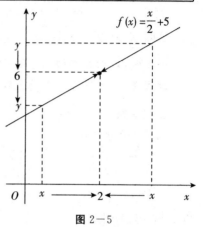

图 2−5

由上表可知, 当 $x \to 2$ 时, $f(x) = \dfrac{x}{2} + 5$ 的值无限地接近于 6, 如图 2−5 所示, 这种变化趋势是明显的, 当 $x \to 2$ 时, 直线上的点沿着直线从两个方向逼近点 $(2, 6)$.

定义 6 如果当 x 无限接近于定值 x_0, 即 $x \to x_0$ 时, 函数 $f(x)$ 无限接近于一个确定的常数 A, 则称 A 为函数 $f(x)$ 当 $x \to x_0$ 时的极限, 记为

$$\lim_{x \to x_0} f(x) = A \ \text{或当}\ x \to x_0\ \text{时}, \ f(x) \to A.$$

由定义知, 当 $x \to 2$ 时, $f(x) = \dfrac{x}{2} + 5$ 的极限是 6, 即

$$\lim_{x \to 2} \left(\frac{x}{2} + 5 \right) = 6.$$

例 3 考察极限 $\lim\limits_{x \to x_0} C(C\ \text{为常数})$ 和 $\lim\limits_{x \to x_0} x$.

解 因为当 $x \to x_0$ 时, $f(x)$ 的值恒为 C, 所以

$$\lim_{x \to x_0} f(x) = \lim_{x \to x_0} C = C,$$

因为当 $x \to x_0$ 时, $\varphi(x) = x$ 的值无限接近于 x_0, 所以

$$\lim_{x \to x_0} \varphi(x) = \lim_{x \to x_0} x = x_0.$$

3. 当 $x \to x_0$ 时, $f(x)$ 的左、右极限

因为 $x \to x_0$ 有左右两种趋势, 而当 x 仅从某一侧趋于 x_0 时, 只需讨论函数的单边趋势, 于是有下面的定义:

定义 7 如果当 x 从 x_0 左侧无限接近 x_0 (记为 $x \to x_0 - 0$) 时, 函数 $f(x)$ 无限接近于一个确定的常数 A, 则称 A 为函数 $f(x)$ 当 $x \to x_0$ 时的左极限, 记为

$$\lim_{x \to x_0 - 0} f(x) = A \ \text{或}\ f(x_0 - 0) = A \ \text{或}\ \lim_{x \to x_0^-} f(x) = A.$$

如果当 x 从 x_0 右侧无限接近 x_0(记为 $x \to x_0 + 0$)时,函数 $f(x)$ 无限接近于一个确定的常数 A,则称 A 为函数 $f(x)$ 当 $x \to x_0$ 时的右极限,记为

$$\lim_{x \to x_0 + 0} f(x) = A \text{ 或 } f(x_0 + 0) = A \text{ 或 } \lim_{x \to x_0^+} f(x) = A.$$

由函数 $f(x) = \dfrac{x}{2} + 5$ 当 $x \to 2$ 时的变化趋势可知:

$$f(2-0) = \lim_{x \to 2-0} f(x) = \lim_{x \to 2-0} (\frac{x}{2} + 5) = 6,$$

$$f(2+0) = \lim_{x \to 2+0} f(x) = \lim_{x \to 2+0} (\frac{x}{2} + 5) = 6,$$

这时 $f(2-0) = f(2+0) = \lim\limits_{x \to 2}(\dfrac{x}{2} + 5) = 6.$

由上面讨论,我们得出下面的定理:

定理 2 $\lim\limits_{x \to x_0} f(x) = A$ 的充要条件是 $f(x_0 - 0) = f(x_0 + 0) = A.$

证明从略.

例 4 讨论函数

$$f(x) = \begin{cases} x-1, & x<0; \\ 0, & x=0; \\ x+1, & x>0. \end{cases}$$

当 $x \to 0$ 时的极限.

解 观察图 2−6 可知:

$$f(0-0) = \lim_{x \to 0-0} f(x) = \lim_{x \to 0-0} (x-1) = -1,$$

$$f(0+0) = \lim_{x \to 0+0} f(x) = \lim_{x \to 0+0} (x+1) = 1.$$

因为当 $x \to 0$ 时,$f(x)$ 的左右极限存在但不相等,所以极限 $\lim\limits_{x \to 0} f(x)$ 不存在.

例 5 考察数列 $x_n = 1 - \dfrac{1}{10^n}$ 当 $n \to \infty$ 时的变化趋势,并写出其极限.

解 因为当 $n \to \infty$ 时,$\dfrac{1}{10^n} \to 0$,$1 - \dfrac{1}{10^n} \to 1$,所以

$$\lim_{n \to \infty}(1 - \frac{1}{10^n}) = 1.$$

图 2−6

数列极限是函数极限的特例. 从函数的观点来看,数列 $x_n = f(n)$ 的极限为 A 就是:当自变量 n 取正整数且无限增大时,对应的函数值 $f(n)$ 无限地接近于确定的常数 A.

习题 2-2

1. 观察并写出下列极限值：

(1) $\lim\limits_{x \to \infty} \dfrac{1}{x^2}$；

(2) $\lim\limits_{x \to +\infty} \left(\dfrac{1}{10}\right)^x$；

(3) $\lim\limits_{x \to -\infty} 2^x$；

(4) $\lim\limits_{x \to \frac{\pi}{4}} \tan x$；

(5) $\lim\limits_{n \to \infty} \dfrac{1}{2^n}$；

(6) $\lim\limits_{n \to \infty} \dfrac{n}{n+1}$。

2. 讨论函数 $f(x) = \begin{cases} x^2 + 1, & x < 1 \\ 1, & x = 1 \\ -1, & x > 1 \end{cases}$ 当 $x \to 1$ 时的极限.

3. 讨论函数 $y = \dfrac{x^2 - 1}{x+1}$ 当 $x \to -1$ 时的极限.

§2-3 无穷小与无穷大

一、无穷小

在实际问题中，我们经常遇到极限为零的变量. 例如，单摆离开铅直位置而摆动，由于空气阻力和机械摩擦力的作用，它的振幅随着时间的增加而逐渐减小并趋于零. 又如，电容器放电时，其电压随着时间的增加而逐渐减小并趋于零. 对于这样的变量，我们称之为无穷小量.

1. 无穷小量的定义

定义 8 如果当 $x \to x_0$（或 $x \to \infty$）时，函数 $f(x)$ 的极限为零，那么函数 $f(x)$ 叫作当 $x \to x_0$（或 $x \to \infty$）时的无穷小量，简称为无穷小.

例如，因为 $\lim\limits_{x \to 1}(x-1) = 0$，所以函数 $x - 1$ 是当 $x \to 1$ 时的无穷小；

又如，因为 $\lim\limits_{x \to \infty} \dfrac{1}{x} = 0$，所以函数 $\dfrac{1}{x}$ 是当 $x \to \infty$ 时的无穷小.

但是，$\lim\limits_{x \to 0}(x-1) = -1$，$\lim\limits_{x \to 2} \dfrac{1}{x} = \dfrac{1}{2}$ 都不是无穷小.

注意 （1）说一个函数 $f(x)$ 是无穷小，必须指明自变量的变化趋势；

（2）无穷小是一个函数，而不是一个绝对值很小的数；

（3）常数中只有"0"可以看成是无穷小，因为 $\lim\limits_{\substack{x \to x_0 \\ (x \to \infty)}} 0 = 0$.

2. 无穷小的性质

无穷小运算时除了可以应用极限运算法则外,还可以应用以下一些性质进行运算:

性质 1 有限个无穷小的代数和仍是无穷小.

注意 此性质特别强调"有限个",是因为无限个无穷小之和可能不是无穷小.

例如,当 $x \to \infty$ 时,$\dfrac{1}{x}$ 是无穷小,但下式

$$\underbrace{\frac{1}{x} + \frac{1}{x} + \cdots + \frac{1}{x}}_{x \uparrow}$$

的值并不是无穷小,而是 1.

性质 2 有限个无穷小的乘积仍是无穷小.

性质 3 有界函数与无穷小的乘积仍是无穷小.

推论 常数与无穷小的乘积是无穷小.

证明从略.

例 1 求 $\lim\limits_{x \to 0} x^3 \sin \dfrac{1}{x}$.

解 因为 x^3 是当 $x \to 0$ 时的无穷小,而 $\sin \dfrac{1}{x}$ 是一个有界函数,所以

$$\lim\limits_{x \to 0} x^3 \sin \frac{1}{x} = 0.$$

3. 函数极限与无穷小的关系

定理 3 在自变量的同一变化过程 $x \to x_0$(或 $x \to \infty$)中,具有极限的函数等于它的极限与一个无穷小之和;反之,如果函数可表示为常数与无穷小之和,那么该常数就是这个函数的极限.

证 设 $\lim\limits_{x \to x_0} f(x) = A$,令 $\alpha = f(x) - A$,则

$$\lim\limits_{x \to x_0} \alpha = \lim\limits_{x \to x_0} [f(x) - A] = \lim\limits_{x \to x_0} f(x) - \lim\limits_{x \to x_0} A = 0.$$

这说明 α 是当 $x \to x_0$ 时的无穷小. 由于 $\alpha = f(x) - A$,所以 $f(x) = A + \alpha$.

请同学们证明第二部分.

二、无穷大

1. 无穷大量的定义

定义 9 如果当 $x \to x_0$(或 $x \to \infty$)时,函数 $f(x)$ 的绝对值无限增大,那么函数

$f(x)$叫作当 $x \to x_0$（或 $x \to \infty$）时的无穷大量，简称为无穷大.

例如，当 $x \to 0$ 时，$\dfrac{1}{x}$ 是一个无穷大；又如，当 $x \to \infty$ 时，$x^2 - 1$ 是一个无穷大.

注意 （1）无穷大是一个函数，而不是一个绝对值很大的常数；

（2）说一个函数是一个无穷大，必须指明自变量的变化趋势.

2. 无穷大与无穷小的关系

无穷大与无穷小有以下的简单联系：

在自变量的同一变化过程中，如果 $f(x)$ 为无穷大，则 $\dfrac{1}{f(x)}$ 是无穷小；反之，如果 $f(x)$ 为无穷小，且 $f(x) \neq 0$，则 $\dfrac{1}{f(x)}$ 是无穷大.

利用这个关系，可以求一些函数的极限.

例 4 求 $\lim\limits_{x \to 1} \dfrac{x+1}{x-1}$.

解 因为 $\lim\limits_{x \to 1} \dfrac{x-1}{x+1} = 0$，所以

$$\lim_{x \to 1} \frac{x+1}{x-1} = \infty.$$

例 5 求 $\lim\limits_{x \to \infty} \dfrac{x^3 - 2x + 3}{x^2 - 1}$.

解 因为 $\lim\limits_{x \to \infty} \dfrac{x^2 - 1}{x^3 - 2x + 3} = \lim\limits_{x \to \infty} \dfrac{\dfrac{1}{x} - \dfrac{1}{x^3}}{1 - \dfrac{2}{x^2} + \dfrac{3}{x^3}} = 0$，所以

$$\lim_{x \to \infty} \frac{x^3 - 2x + 3}{x^2 - 1} = \infty.$$

事实上，当 n,m 是非负整数时，对于有理分式函数的极限，有下面的结论：

$$\lim_{x \to \infty} \frac{a_n x^n + a_{n-1} x^{n-1} + \cdots + a_1 x + a_0}{b_m x^m + b_{m-1} x^{m-1} + \cdots + b_1 x + b_0} = \begin{cases} \dfrac{a_n}{b_m}, & \text{当 } n = m \text{ 时}; \\ 0, & \text{当 } n < m \text{ 时}; \\ \infty, & \text{当 } n > m \text{ 时}. \end{cases}$$

三、无穷小的比较

我们已经知道，两个无穷小的和、差及积仍然是无穷小. 但是，关于两个无穷小的商，却会出现不同的情况，当 $x \to 0$ 时，$x, 3x, x^2, \sin x$ 都是无穷小，而

$$\lim_{x \to 0} \frac{x^2}{3x} = \lim_{x \to 0} \frac{x}{3} = 0, \ \lim_{x \to 0} \frac{3x}{x^2} = \lim_{x \to 0} \frac{3}{x} = \infty, \ \lim_{x \to 0} \frac{\sin x}{3x} = \frac{1}{3}.$$

两个无穷小之商的极限的各种不同情况,反映了不同的无穷小趋向于零的快慢程度.例如,从下表可以看出,当 $x \to 0$ 时,$x^2 \to 0$ 比 $3x \to 0$ 要"快些",反过来,$3x \to 0$ 比 $x^2 \to 0$ 要"慢些",而 $\sin x \to 0$ 与 $3x \to 0$"快慢相近".

x	1	0.1	0.01	0.001	→	0
$3x$	3	0.3	0.03	0.003	→	0
x^2	1	0.01	0.0001	0.000001	→	0
$\sin x$	0.8415	0.0998	0.0099	0.000999	→	0

我们还可以发现,趋向于零较快的无穷小(x^2)与趋向于零较慢的无穷小($3x$)之商的极限为 0;趋向于零较慢的无穷小($3x$)与趋向于零较快的无穷小(x^2)之商的极限为 ∞;趋向于零快慢相近的两个无穷小($\sin x$ 与 $3x$)之商的极限为常数(不为零).

下面就以两个无穷小之商的极限所出现的各种情况来说明两个无穷小的比较.

定义 10 设 α 和 β 都是在同一个自变量的变化过程中的无穷小,又 $\lim \dfrac{\beta}{\alpha}$ 也是在这个变化过程中的极限.

(1) 如果 $\lim \dfrac{\beta}{\alpha} = 0$,就称 β 是比 α 高阶的无穷小,记作 $\beta = o(\alpha)$;

(2) 如果 $\lim \dfrac{\beta}{\alpha} = \infty$,就称 β 是比 α 低阶的无穷小;

(3) 如果 $\lim \dfrac{\beta}{\alpha} = C \neq 0$,就称 β 与 α 是同阶无穷小,特殊地,若 $C = 1$,则称 β 与 α 是等价无穷小,记为 $\alpha \sim \beta$.

注意 在无穷小的比较中,自变量的变化趋势必须一致,否则无法比较!

例如,在 $x \to 0$ 时,x^2 是比 $3x$ 高阶的无穷小;$3x$ 是比 x^2 低阶的无穷小,$\sin x$ 与 $3x$ 是同阶无穷小,$\sin x$ 与 x 是等价无穷小.

当 $x \to 0$ 时,常用的等价无穷小有

$$\sin x \sim x; \qquad\qquad \tan x \sim x;$$
$$\arcsin x \sim x; \qquad\qquad \arctan x \sim x;$$
$$\ln(1+x) \sim x; \qquad\qquad e^x - 1 \sim x;$$
$$\sqrt[n]{1+x} - 1 \sim \frac{1}{n}x; \qquad\qquad 1 - \cos x \sim \frac{1}{2}x^2.$$

例 1 比较当 $x \to 0$ 时,无穷小 $\dfrac{1}{1-x} - 1 - x$ 与 x^2 阶数的高低.

解　因为 $\lim\limits_{x\to 0}\dfrac{\dfrac{1}{1-x}-1-x}{x^2}=\lim\limits_{x\to 0}\dfrac{1-(1+x)(1-x)}{x^2(1-x)}$

$$=\lim\limits_{x\to 0}\dfrac{x^2}{x^2(1-x)}=1,$$

所以　　　　　　　　　　$\dfrac{1}{1-x}-1-x\sim x^2.$

利用等价无穷小求极限有时要用到下面的定理:

定理 4　如果 $\alpha\sim\alpha',\beta\sim\beta'$, 且 $\lim\dfrac{\beta'}{\alpha'}$ 存在, 那么

$$\lim\dfrac{\beta}{\alpha}=\lim\dfrac{\beta'}{\alpha'}.$$

这是因为 $\lim\dfrac{\beta}{\alpha}=\lim\left(\dfrac{\beta}{\beta'}\cdot\dfrac{\beta'}{\alpha'}\cdot\dfrac{\alpha'}{\alpha}\right)=\lim\dfrac{\beta'}{\alpha'}$, 这个性质表明, 求两个无穷小之商的极限, 分子与分母都可用等价无穷小来代替. 因此, 如果用来代替的无穷小选得适当的话, 可以使计算简化.

注意　用等价无穷小相互代替时必需是整个分子或整个分母用一个等价无穷小进行代替, 或是将分子、分母分解因式后用一个无穷小来代替其中的一个因式, 切不可用等价无穷小分别代替代数和中的各项!

例 2　求极限 $\lim\limits_{x\to 0}\dfrac{\tan 2x}{\sin 5x}$ 及 $\lim\limits_{x\to 0}\dfrac{\sin x}{x^3+3x}$.

解　当 $x\to 0$ 时, $\tan 2x\sim 2x$, $\sin 5x\sim 5x$, 所以

$$\lim\limits_{x\to 0}\dfrac{\tan 2x}{\sin 5x}=\lim\limits_{x\to 0}\dfrac{2x}{5x}=\dfrac{2}{5};$$

当 $x\to 0$ 时, $\sin x\sim x$, 所以

$$\lim\limits_{x\to 0}\dfrac{\sin x}{x^3+3x}=\lim\limits_{x\to 0}\dfrac{x}{x^3+3x}=\lim\limits_{x\to 0}\dfrac{1}{x^2+3}=\dfrac{1}{3}.$$

习题 2-3

1. 下列函数在自变量怎样变化时是无穷小? 无穷大?

(1) $y=\dfrac{1}{x^3}$;

(2) $y=\dfrac{1}{x+1}$;

(3) $y=\cot x$;

(4) $y=\ln x$.

2. 求下列各极限:

(1) $\lim\limits_{x\to 0}(\sin 2x\cdot\tan 3x)$;

(2) $\lim\limits_{x\to\infty}\dfrac{\cos x}{x^3}$;

(3) $\lim\limits_{x\to 1}\dfrac{x}{x-1}$；

(4) $\lim\limits_{x\to 2}\dfrac{x^3+2x^2}{(x-2)^2}$；

(5) $\lim\limits_{x\to\infty}(2x^3-x+1)$；

(6) $\lim\limits_{x\to 0}x^2\sin\dfrac{1}{x}$；

(7) $\lim\limits_{x\to\infty}\dfrac{x^3+x^2-3x+1}{x^2+7x-2}$；

(8) $\lim\limits_{x\to 0}x\sin x\cos\dfrac{1}{x}$；

(9) $\lim\limits_{x\to\infty}(\tan\dfrac{1}{x}\cdot\arctan x)$；

(10) $\lim\limits_{x\to\infty}\dfrac{\arctan x}{x}$．

3. 当 $x\to 0$ 时，$2x-x^2$ 与 x^2-x^3 相比，哪一个是高阶无穷小？

4. 当 $x\to 1$ 时，无穷小 $1-x$ 与

(1) $1-x^3$；

(2) $\dfrac{1}{2}(1-x^2)$．

是否同阶？是否等价？

5. 证明：当 $x\to 0$ 时，无穷小 $1-\cos x$ 与无穷小 $\dfrac{x^2}{2}$ 等价．

6. 计算下列极限：

(1) $\lim\limits_{x\to 0}\dfrac{\tan 3x}{2x}$；

(2) $\lim\limits_{x\to 0}\dfrac{\tan x-\sin x}{\sin^3 x}$；

(3) $\lim\limits_{x\to 0}\dfrac{\sin(x^n)}{(\sin x)^m}(m,n\in N)$；

(4) $\lim\limits_{x\to 0}\dfrac{x}{\sqrt[4]{1+2x}-1}$　（提示：利用 $\sqrt[n]{1+x}-1\sim\dfrac{1}{n}x$）；

(5) $\lim\limits_{x\to 0-0}\dfrac{\sqrt{1-\cos 2x}}{\tan x}$；

(6) $\lim\limits_{x\to e}\dfrac{\ln x-1}{x-e}$；

(7) $\lim\limits_{x\to 0}\dfrac{\cos mx-\cos nx}{x^2}(m,n\in\mathbf{N})$；

(8) $\lim\limits_{x\to 0}\dfrac{1-\cos x^2}{x^2\sin^2 x}$．

§2-4　极限的运算法则

根据极限的定义用观察的方法来得到极限，只有特别简单的情况下才有可能．本节将介绍极限的四则运算法则，利用这些法则可以计算一些较为复杂的函数的极限．

定理 5　如果 $\lim\limits_{x\to x_0}f(x)=A,\lim\limits_{x\to x_0}g(x)=B$，那么

(1) $\lim\limits_{x\to x_0}[f(x)\pm g(x)]=\lim\limits_{x\to x_0}f(x)\pm\lim\limits_{x\to x_0}g(x)=A\pm B$；

$(2) \lim\limits_{x \to x_0} C \cdot f(x) = C \cdot \lim\limits_{x \to x_0} f(x) = CA \, (C \text{ 是常数});$

$(3) \lim\limits_{x \to x_0} [f(x)g(x)] = \lim\limits_{x \to x_0} f(x) \cdot \lim\limits_{x \to x_0} g(x) = A \cdot B;$

$(4) \lim\limits_{x \to x_0} \dfrac{f(x)}{g(x)} = \dfrac{\lim\limits_{x \to x_0} f(x)}{\lim\limits_{x \to x_0} g(x)} = \dfrac{A}{B} \, (B \neq 0).$

证明从略.

上述法则对于 $x \to \infty$ 时情形也是成立的,而且法则(1)和(3)可以推广到有限个具有极限的函数的情形.

例 1 求 $\lim\limits_{x \to 1} (\dfrac{x}{2} + 1)$.

解 $\lim\limits_{x \to 1} (\dfrac{x}{2} + 1) = \lim\limits_{x \to 1} \dfrac{x}{2} + \lim\limits_{x \to 1} 1 = \dfrac{1}{2} \lim\limits_{x \to 1} x + 1$

$\qquad = \dfrac{1}{2} \times 1 + 1 = \dfrac{3}{2}.$

例 2 求 $\lim\limits_{x \to 3} \dfrac{x^2 - 9}{x - 3}$.

解 $\lim\limits_{x \to 3} \dfrac{x^2 - 9}{x - 3} = \lim\limits_{x \to 3} \dfrac{(x+3)(x-3)}{x-3} = \lim\limits_{x \to 3} (x+3) = \lim\limits_{x \to 3} x + \lim\limits_{x \to 3} 3 = 3 + 3 = 6.$

注意 在求极限时,有时分子分母的极限都是零,当分子分母都是多项式时,可将其进行因式分解,约去极限为零的因式后再按法则求出其极限.

例 3 求 $\lim\limits_{x \to \infty} \dfrac{2x^3 - x^2 - 1}{5x^3 + x + 1}$.

解 $\lim\limits_{x \to \infty} \dfrac{2x^3 - x^2 - 1}{5x^3 + x + 1} = \lim\limits_{x \to \infty} \dfrac{2 - \dfrac{1}{x} - \dfrac{1}{x^3}}{5 + \dfrac{1}{x^2} + \dfrac{1}{x^3}}$

$\qquad = \dfrac{\lim\limits_{x \to \infty} (2 - \dfrac{1}{x} - \dfrac{1}{x^3})}{\lim\limits_{x \to \infty} (5 + \dfrac{1}{x^2} + \dfrac{1}{x^3})} = \dfrac{\lim\limits_{x \to \infty} 2 - \lim\limits_{x \to \infty} \dfrac{1}{x} - \lim\limits_{x \to \infty} \dfrac{1}{x^3}}{\lim\limits_{x \to \infty} 5 + \lim\limits_{x \to \infty} \dfrac{1}{x^2} + \lim\limits_{x \to \infty} \dfrac{1}{x^3}}$

$\qquad = \dfrac{2 - 0 - 0}{5 + 0 + 0} = \dfrac{2}{5}.$

注意 在求极限时,有时分子分母的极限都是无穷大,当分子分母都是多项式时,可将分子分母同时约去自变量的最高次幂后,再按法则求其极限.

例 4 求 $\lim\limits_{x \to \infty} \dfrac{2x^2 - x + 1}{x^3 + x^2 - 3}$.

解　$\lim\limits_{x\to\infty}\dfrac{2x^2-x+1}{x^3+x^2-3}=\lim\limits_{x\to\infty}\dfrac{\dfrac{2}{x}-\dfrac{1}{x^2}+\dfrac{1}{x^3}}{1+\dfrac{1}{x}-\dfrac{3}{x^3}}=\dfrac{0}{1}=0.$

习题 2-4

1.计算下列各极限：

(1) $\lim\limits_{x\to 1}(x^2-4x+5)$；

(2) $\lim\limits_{x\to 2}\dfrac{x+2}{x-1}$；

(3) $\lim\limits_{x\to 3}\dfrac{x^2+x-12}{x-3}$；

(4) $\lim\limits_{x\to 4}\dfrac{x-4}{\sqrt{x}-2}$.

2.计算下列各极限：

(1) $\lim\limits_{x\to\infty}\dfrac{2x^2+x+1}{x^2-5x+3}$；

(2) $\lim\limits_{x\to\infty}\dfrac{3x^2+1}{x^3+x+7}$；

(3) $\lim\limits_{x\to\infty}\dfrac{8x^3-1}{6x^2-5x+1}$；

(4) $\lim\limits_{x\to 1}\left(\dfrac{1}{1-x}-\dfrac{3}{1-x^3}\right)$；

(5) $\lim\limits_{x\to\infty}\dfrac{(3x-1)^{25}(2x-1)^{20}}{(2x+1)^{45}}$；

(6) $\lim\limits_{h\to 0}\left[\dfrac{1}{h(x+h)}-\dfrac{1}{hx}\right]$；

(7) $\lim\limits_{n\to\infty}\left(1+\dfrac{1}{2}+\dfrac{1}{4}+\cdots+\dfrac{1}{2^{n-1}}\right)$；

(8) $\lim\limits_{n\to\infty}\dfrac{1+2+3+\cdots+(n-1)}{n^2}$.

§2-5　两个重要极限

本节将利用极限存在的两个准则得到两个重要极限.

一、$\lim\limits_{x\to 0}\dfrac{\sin x}{x}=1$

准则 1　如果

(1)在点 x_0 的近旁,有 $g(x)\leqslant f(x)\leqslant h(x)$；

(2) $\lim\limits_{x\to x_0}g(x)=\lim\limits_{x\to x_0}h(x)=A$,

那么 $\lim\limits_{x\to x_0}f(x)$ 存在,且等于 A.

下面我们利用准则 1 证明一个重要极限：

$$\lim\limits_{x\to 0}\dfrac{\sin x}{x}=1.$$

证 在如图 2－7 所示的单位圆中,设圆心角

$\angle AOD = x(0 < x < \dfrac{\pi}{2})$,那么显然有

$$\sin x = CD, x = \overset{\frown}{AD}, \tan x = AB$$

因为

ΔAOD 的面积<圆扇形 AOD 的面积<ΔAOB 的
面积

即 $\dfrac{1}{2}|OA||CD| < \dfrac{1}{2}x|OA|^2 < \dfrac{1}{2}|OA||AB|$

$$\sin x < x < \tan x$$

除以 $\sin x$,得

$$1 < \frac{x}{\sin x} < \frac{1}{\cos x} \text{ 或 } \cos x < \frac{\sin x}{x} < 1$$

因为用$-x$代替x时,$\cos x$和$\dfrac{\sin x}{x}$都不变,所以当$-\dfrac{\pi}{2}<x<0$时,上述等式仍

然成立.

又因为$\lim\limits_{x\to 0}\cos x = 1, \lim\limits_{x\to 0}1 = 1$,故由准则 1 就有

$$\lim_{x\to 0}\frac{\sin x}{x} = 1.$$

利用上述极限求有关函数的极限时要注意:

(1)自变量必需是趋于 0 的;

(2)式中所有 x 系数必需一致;

(3)式中的 x 也可以是函数.

例 1 求极限$\lim\limits_{x\to 0}\dfrac{\sin 2x}{x}$.

解 $\lim\limits_{x\to 0}\dfrac{\sin 2x}{x} = \lim\limits_{x\to 0}(\dfrac{\sin 2x}{2x}\cdot 2) = 2\lim\limits_{x\to 0}\dfrac{\sin 2x}{2x}$

设 $t=2x$,当 $x\to 0$ 时,$t\to 0$,所以

$$\lim_{x\to 0}\frac{\sin 2x}{x} = 2\lim_{x\to 0}\frac{\sin 2x}{2x} = 2\lim_{t\to 0}\frac{\sin t}{t} = 2\times 1 = 2.$$

此极限也可以利用二倍角公式将其展开来求即

$$\lim_{x\to 0}\frac{\sin 2x}{x} = \lim_{x\to 0}\frac{2\sin x\cos x}{x} = 2\lim_{x\to 0}\frac{\sin x}{x}\lim_{x\to 0}\cos x = 2.$$

例 2 求极限$\lim\limits_{x\to 0}\dfrac{\tan x}{x}$.

图 2－7

解
$$\lim_{x\to 0}\frac{\tan x}{x}=\lim_{x\to 0}(\frac{\sin x}{x}\cdot\frac{1}{\cos x})=\lim_{x\to 0}\frac{\sin x}{x}\cdot\lim_{x\to 0}\frac{1}{\cos x}$$
$$=1\times 1=1.$$

例3 求极限$\lim\limits_{x\to 0}\dfrac{1-\cos x}{x^2}$.

解
$$\lim_{x\to 0}\frac{1-\cos x}{x^2}=\lim_{x\to 0}\frac{2\sin^2\dfrac{x}{2}}{x^2}$$
$$=\lim_{x\to 0}\frac{1}{2}\frac{(\sin\dfrac{x}{2})^2}{(\dfrac{x}{2})^2}=\frac{1}{2}.$$

二、$\lim\limits_{x\to\infty}\left(1+\dfrac{1}{x}\right)^x=\mathrm{e}$

准则2 单调有界数列必有极限.

证明从略.

利用准则2,可以证明另一个重要极限:
$$\lim_{x\to\infty}(1+\frac{1}{x})^x=\mathrm{e},$$

这个 e 是无理数,它的值是 e=2.718281828459045….

作代换$z=\dfrac{1}{x}$,当$x\to\infty$时,$z\to 0$,于是上述极限又可写成
$$\lim_{z\to 0}(1+z)^{\frac{1}{z}}=\mathrm{e}.$$

利用上面极限求有关函数的极限时要注意:

(1)括号中的第一项必须化为1;

(2)括号内第一项与第二项之间必须用"+"号连接;

(3)括号中的第二项与括号外的指数必须互为倒数;

(4)极限中的x也可以是函数.

例4 求极限$\lim\limits_{x\to\infty}(1-\dfrac{1}{x})^x$.

解 令$t=-x$,则当$x\to\infty$时,$t\to\infty$,从而
$$\lim_{x\to\infty}(1-\frac{1}{x})^x=\lim_{t\to\infty}(1+\frac{1}{t})^{-t}=\lim_{t\to\infty}[(1+\frac{1}{t})^t]^{-1}$$
$$=\lim_{t\to\infty}\frac{1}{[(1+\frac{1}{t})^t]}=\frac{1}{\mathrm{e}}.$$

例 5 求极限 $\lim\limits_{x\to 0}(1+2x)^{\frac{1}{x}}$.

解 令 $t=2x$，当 $x\to 0$ 时，$t\to 0$，所以

$$\lim_{x\to 0}(1+2x)^{\frac{1}{x}}=\lim_{t\to 0}(1+t)^{\frac{2}{t}}=\lim_{t\to 0}[(1+t)^{\frac{1}{t}}]^2=e^2.$$

例 6 求极限 $\lim\limits_{x\to\infty}(\dfrac{x}{1+x})^{2x}$.

解
$$\lim_{x\to\infty}(\frac{x}{1+x})^{2x}=\lim_{x\to\infty}(\frac{1+x}{x})^{-2x}=\lim_{x\to\infty}[(1+\frac{1}{x})^x]^{-2}$$
$$=[\lim_{x\to\infty}(1+\frac{1}{x})^x]^{-2}=e^{-2}.$$

习题 2-5

求下列极限：

(1) $\lim\limits_{x\to 0}\dfrac{\sin 2x}{\sin 5x}$;

(2) $\lim\limits_{x\to 0}\dfrac{x^2}{\sin^2\dfrac{x}{3}}$;

(3) $\lim\limits_{x\to 0}\dfrac{1-\cos 2x}{x\sin x}$;

(4) $\lim\limits_{x\to\infty}2^x\sin\dfrac{1}{2^x}$;

(5) $\lim\limits_{x\to 0}(1-3x)^{\frac{1}{x}}$;

(6) $\lim\limits_{x\to\frac{\pi}{2}}(1+\cot x)^{3\tan x}$;

(7) $\lim\limits_{x\to\infty}(1+\dfrac{2}{x})^{3x}$;

(8) $\lim\limits_{x\to\infty}(\dfrac{2x-1}{2x+1})^{x+\frac{3}{2}}$.

§2-6 初等函数的连续性

自然界中有许多现象，如气温的变化，河水的流动，植物的生长等等，都是在连续地变化着. 这种现象在函数关系上的反映，就是函数的连续性. 下面我们先引入增量的概念，然后运用极限来定义函数的连续性.

一、函数的增量

设变量 x 从它的初值 x_1 变到终值 x_2，则终值与初值的差叫做自变量 x 的增量，记为 Δx，即

$$\Delta x = x_2 - x_1.$$

假定函数 $y=f(x)$ 在点 x_0 的某一邻域内有定义，当自变量 x 从 x_0 变到 $x_0+\Delta x$ 时，函数 y 相应地从 $f(x_0)$ 变到 $f(x_0+\Delta x)$，此时称 $f(x_0+\Delta x)$ 与 $f(x_0)$ 的差

为函数的增量,记为 Δy,即

$$\Delta y = f(x_0 + \Delta x) - f(x_0).$$

这个关系式的几何解析如图 2—8 所示.

注意 增量可以是正值,也可以是负值,还可以是零.

图 2—8

二、函数连续性的概念

1. 函数在一点处的连续性

定义 11 设函数 $y = f(x)$ 在点 x_0 的近旁有定义,如果当自变量的增量 $\Delta x = x - x_0$ 趋于零时,对应的函数的增量 $\Delta y = f(x_0 + \Delta x) - f(x_0)$ 也趋于零,那么就称函数 $y = f(x)$ 在点 x_0 连续,用极限来表示,就是

$$\lim_{\Delta x \to 0} \Delta y = 0 \tag{2—1}$$

或

$$\lim_{\Delta x \to 0} [f(x_0 + \Delta x) - f(x_0)] = 0.$$

上述定义也可改用另一种方式来叙述:

设 $x = x_0 + \Delta x$,则 $\Delta x \to 0$,即 $x \to x_0$;$\Delta y \to 0$,即 $f(x) \to f(x_0)$,因此式(2—1)就是

$$\lim_{x \to x_0} f(x) = f(x_0).$$

所以,函数 $y = f(x)$ 在点 x_0 连续又可叙述如下:

定义 12 设函数 $y = f(x)$ 在点 x_0 的某一邻域内有定义,如果函数 $f(x)$ 当 $x \to x_0$ 时的极限存在,且等于它在点 x_0 处的函数值 $f(x_0)$,即

$$\lim_{x \to x_0} f(x) = f(x_0) \tag{2—2}$$

那么称函数 $f(x)$ 在点 x_0 连续.

2. 函数的间断点

设点 x_0 的任何邻域内总存在异于 x_0 而属于函数 $f(x)$ 的定义域的点. 如果函数 $f(x)$ 有下列三种情形之一:

(1)在 $x = x_0$ 处没有定义;

(2)虽在 $x = x_0$ 处有定义,但 $\lim\limits_{x \to x_0} f(x)$ 不存在;

(3)虽在 $x = x_0$ 处有定义,且 $\lim\limits_{x \to x_0} f(x)$ 存在,但

$$\lim_{x \to x_0} f(x) \neq f(x_0),$$

那么称函数 $f(x)$ 在点 x_0 处不连续,而点 x_0 称为函数 $f(x)$ 的不连续点或间断点.

注意 函数在点 x_0 连续必需满足三个条件:

(1)在点 x_0 处有定义;

(2)在点 x_0 处的极限存在;

(3)在点 x_0 处的极限值等于这点的函数值.

而当上述三个条件有任意一条不满足时即为函数在这点间断!

例1 求函数 $f(x)=\dfrac{x^2-1}{x-1}$ 的间断点.

解 由于函数 $f(x)$ 在 $x=1$ 没有定义,故 $x=1$ 是函数的一个间断点,如图2—9所示.

图 2—9   图 2—10

例2 求函数 $f(x)=\begin{cases} x+1, & x>1 \\ 0, & x=1 \\ x-1, & x<1 \end{cases}$ 的间断点.

解 分界点 $x=1$ 虽在函数的定义域内,但

$$\lim_{x\to 1+0} f(x)=\lim_{x\to 1+0}(x+1)=2,$$

$$\lim_{x\to 1-0} f(x)=\lim_{x\to 1-0}(x-1)=0,$$

$$\lim_{x\to 1+0} f(x)\neq \lim_{x\to 1-0} f(x)$$

即极限 $\lim_{x\to 1} f(x)$ 不存在,故 $x=1$ 是函数的一个间断点,如图2—10所示.

例3 求函数 $f(x)=\begin{cases} x+1, & x\neq 1 \\ 0, & x=1 \end{cases}$ 的间断点.

解 函数 $f(x)$ 在点 $x=1$ 处有定义,且

$$\lim_{x\to 1} f(x)=\lim_{x\to 1}(x+1)=2,$$

但 $f(1)=0$,故 $\lim_{x\to 1} f(x)\neq f(1)$,

所以 $x=1$ 是函数 $f(x)$ 的一个间断点,如图 2—11 所示.

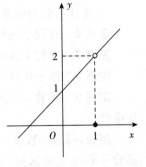

3. 函数在区间上的连续性

下面先说明函数的左连续与右连续的概念:

图 2—11

设函数 $f(x)$ 在区间 $(a,b]$ 内有定义,如果左极限 $\lim\limits_{x \to b-0} f(x)$ 存在且等于 $f(b)$,即

$$\lim_{x \to b-0} f(x) = f(b),$$

那么称函数 $f(x)$ 在点 b 左连续.

设函数 $f(x)$ 在区间 $[a,b)$ 内有定义,如果右极限 $\lim\limits_{x \to a+0} f(x)$ 存在且等于 $f(a)$,即

$$\lim_{x \to a+0} f(x) = f(a),$$

那么称函数 $f(x)$ 在点 a 右连续.

在区间 (a,b) 内每一点都连续的函数叫做该区间内的连续函数. 如果 $f(x)$ 在 $[a,b]$ 上有定义,在 (a,b) 内连续,且 $f(x)$ 在右端点 b 左连续,在左端点 a 右连续,即

$$\lim_{x \to b-0} f(x) = f(b), \ \lim_{x \to a+0} f(x) = f(a),$$

那么就称函数 $f(x)$ 在 $[a,b]$ 上连续.

例 4 讨论函数

$$f(x) = \begin{cases} 1+x, & x \geqslant 1 \\ 2-x, & x < 1 \end{cases}$$

在点 $x=1$ 的连续性.

解 函数 $f(x)$ 的定义域是 $(-\infty, +\infty)$,因为

$$\lim_{x \to 1+0} f(x) = \lim_{x \to 1+0} (1+x) = 2,$$

$$\lim_{x \to 1-0} f(x) = \lim_{x \to 1-0} (2-x) = 1,$$

左、右极限存在但不相等,所以 $\lim\limits_{x \to 1} f(x)$ 不存在,即函数 $f(x)$ 在点 $x=1$ 处不连续.

注意 求分段函数的极限时函数的表达式必需与自变量所在的范围相对应.

三、初等函数的连续性

1. 连续函数的运算

定理 6 有限个连续函数的和仍是连续函数.

定理 7 有限个连续函数的乘积仍是连续函数.

定理 8 两个连续函数之商(假定除式不为零)仍是连续函数.

定理 9 函数 $x = \varphi(y)$ 与它的反函数 $y = f(x)$ 在对应区间内有相同单调性和连续性.

例如,因为函数 $y = 2^x$ 在区间 $(-\infty, +\infty)$ 内单值、单调增加且连续,所以其反函数 $y = \log_2 x$ 在区间 $(0, +\infty)$ 内单值、单调增加且连续.

定理 10 两个连续函数复合而成的复合函数仍是连续函数.

例如,因为 $u=2x$ 在 $x=\dfrac{\pi}{4}$ 处连续,$y=\sin u$ 在 $u=\dfrac{\pi}{2}$ 处连续,所以 $y=\sin 2x$ 在 $x=\dfrac{\pi}{4}$ 处连续.

2. 初等函数的连续性

不难证明,基本初等函数在各自定义域内连续,再由连续函数的运算,我们得到下面的定理:

定理 11 一切初等函数在其定义区间内都是连续的.

初等函数的连续区间就是它的定义区间,分段函数在每一个分段区间内都是连续的,分段点可能是连续点也可能是它的间断点,需用定义考察.

连续函数的图像是一条连续不间断的曲线.

上述初等函数连续性的结论提供了求初等函数极限的一个方法:如果 $f(x)$ 是初等函数,且 x_0 是其定义区间内的点,则 $f(x)$ 在点 x_0 连续,因此有

$$\lim_{x \to x_0} f(x)=f(x_0).$$

例如,$x_0=\dfrac{\pi}{2}$ 是初等函数 $\ln\sin x$ 的一个定义区间 $(0,\pi)$ 内的点,所以 $\lim\limits_{x \to \frac{\pi}{2}}\ln\sin x$

$=\ln\sin\dfrac{\pi}{2}=0.$

四、闭区间上连续函数的性质

1. 最大值和最小值性质

定理 12 (最大值和最小值定理)在闭区间上连续的函数一定有最大值与最小值.

这就是说,如果函数 $f(x)$ 在闭区间 $[a,b]$ 上连续,如图 2-12 所示,那么在 $[a,b]$ 上至少有一点 $\xi_1(a \leqslant \xi_1 \leqslant b)$,使得 $f(\xi_1)$ 为最大,即

$$f(\xi_1) \geqslant f(x)(a \leqslant x \leqslant b);$$

又至少有一点 $\xi_2(a \leqslant \xi_2 \leqslant b)$,使得 $f(\xi_2)$ 为最小,即

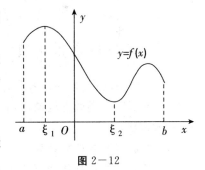

图 2-12

$$f(\xi_2) \leqslant f(x)(a \leqslant x \leqslant b).$$

2. 介值性质

定理 13 (介值定理) 如果函数 $f(x)$ 在闭区间 $[a,b]$ 上连续,且在这区间的端点取不同的函数值 $f(a)=A$ 与 $f(b)=B$,如图 2-13 所示,那么不论 C 是 A 与 B 之间的怎样一个数,在开区间 (a,b) 内至少有一点 ξ,使得

$$f(\xi)=C(a<\xi<b).$$

图 2-13

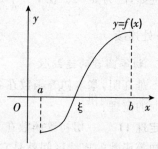

图 2-14

特别地,如果 $f(a)$ 与 $f(b)$ 异号,那么在 (a,b) 内至少有一点 ξ,使得

$$f(\xi)=0(a<\xi<b),$$

如图 2-14 所示.

由这个性质可知,在闭区间上连续的函数必取得介于最大值与最小值之间的任何值.

例 5 证明方程 $x^5+3x-1=0$ 在 $(0,1)$ 内至少有一个根.

证 设 $f(x)=x^5+3x-1$,它在 $[0,1]$ 上是连续的,并且在区间端点的函数值为

$$f(0)=-1<0,f(1)=3>0$$

根据介值定理可知,在 $(0,1)$ 内至少有一点 ξ,使得

$$f(\xi)=0$$

即

$$\xi^5+3\xi-1=0(0<\xi<1)$$

这说明方程 $x^5+3x-1=0$ 在 $(0,1)$ 内至少有一个根 ξ.

五、经济中常用函数

在经济活动中,往往涉及到许多经济量,这些量之间存在着各种相关的关系,这些关系用数学模型进行描述,就形成了各种经济函数. 下面介绍经济学中常用的几种函数.

1. 需求函数与供给函数

市场上消费者对某种商品的需求量除了与该商品的价格有关外,还与消费者的收入、待用商品的价格、消费者的人数等等有关. 现在我们只考虑商品的需求量与价格的关系,而将其他各种量看作常量,则商品的需求量 Q 就是价格 P 的函数,称为需求函数. 记作

$$Q=Q(P).$$

一般来说,当商品的价格增加时,商品的需求量将会减少. 因此,通常需求函

数是单调减少函数.

常见的需求函数有:

线性需求函数　$Q=a-bP(a>0,b>0;a,b$ 都是常数$)$;

二次曲线需求函数　$Q=a-bP-cP^2(a>0,b>0,c>0;a,b,c$ 都是常数$)$;

指数需求函数　$Q=ae^{-bP}(a>0,b>0;a,b$ 都是常数$)$.

市场上影响供给量的主要因素也是商品的价格. 因此,商品的供给量 Q 也是价格的函数,称为供给函数,记作

$$Q=\varphi(P).$$

一般地,商品的供给量随价格的上涨而增加,随价格的下降而减少. 因此,供给函数是单调增加函数.

常见的供给函数有:$Q=aP-b(a>0,b>0;a,b$ 都是常数$)$;

$$Q=\frac{aP+b}{mP+n}(a>0,b>0,m>0,an>bm).$$

市场均衡

对一种商品而言,如果需求量等于供给量,则这种商品就达到了市场均衡. 假设 Q_d,Q_s 分别表示需求函数和供给函数,以线性需求函数和线性供给函数为例,令 $Q_d=Q_s$,即

$$a-bP=cP-d,P=\frac{a+d}{b+c}=P_0.$$

这个价格 P_0 称为该商品的市场均衡价格. 而 $Q_d=Q_s=Q_0$ 称为该商品的市场均衡数量.

例 6　已知某商品的供给函数和需求函数分别是

$$Q_d=25P-10,Q_s=200-5P,$$

求该商品的市场均衡价格和市场均衡数量.

解　由均衡条件 $Q_d=Q_s$,得

　　　　$25P-10=200-5P,$ 即 $30P=210,P=7$

从而　　$Q_0=25P-10=165.$

即市场均衡价格为 7,市场均衡数量为 165.

2.成本函数、收入函数与利润函数

产品成本是指以货币形式表现的企业生产和销售产品的全部费用支出,产品成本可分为固定成本和可变成本两部分. 成本函数表示费用总额与产量(或销售量)之间的相对关系. 固定成本(常用 C_1 表示)是尚未生产产品时的支出,在一定限度内是不随产量变动的费用,如厂房费用、机器折旧费用、一般管理费用、管理人员工资等. 可变成本(常用 C_2 表示)是随产品变动而变动的费用,如原材料、燃料

和动力费用、生产工人的工资等.

以 x 表示产量，C 表示总成本，则 C 与 x 之间的函数关系称为总成本函数，记作

$$C = C(x) = C_1 + C_2 \quad (x \geqslant 0).$$

平均成本是平均每个单位产品的成本，平均成本记作

$$\overline{C(x)} = \frac{C(x)}{x} \quad (x > 0).$$

销售某产品的收入 R 等于产品的单位价格 P 与销售量 x 的乘积，即

$$R = Px,$$

称其为收入函数.

而销售利润 L 等于收入 R 减去成本 C，即

$$L = R - C,$$

称其为利润函数.

当 $L = R - C > 0$ 时生产者盈利；

当 $L = R - C < 0$ 时生产者亏本；

当 $L = R - C = 0$ 时生产者盈亏平衡，使 $L(x) = 0$ 的点 x_0 称为盈亏平衡点（也叫保本点）.

例 7 某电器公司生产一种新产品，根据市场调查得出需求函数为

$$Q(P) = -900P + 45000,$$

该公司生产该产品的固定成本是 270000 元，而单位的可变成本是 10 元，为获得最大利润，出厂价格应为多少？

解 以 Q 表示产量，C 表示成本，P 表示价格，则有

$$C(Q) = 10Q + 270000$$

而需求函数为 $\quad Q = -900P + 45000$

代入得 $\quad C(P) = -9000P + 720000$

收入函数为

$$R(P) = PQ = P(-900P + 45000) = -900P^2 + 45000p.$$

利润函数为

$$L(P) = R(P) - C(P) = (-900P^2 + 45000P) - (-900P + 720000)$$
$$= -900(P - 30)^2 + 90000.$$

由于利润函数是一个二次函数，容易求得当价格 $P = 30$ 元时，利润 $L = 90000$ 元为最大利润，在此价格下，可望销售量为

$$Q = -900 \times 30 + 45000 = 18000 \text{（单位）}.$$

习题 2-6

1. 讨论函数

$$f(x) = \begin{cases} x^2 - 1, & 0 \leqslant x \leqslant 1 \\ x + 3, & x > 1 \end{cases}$$

在 $x = \dfrac{1}{2}, x = 1, x = 2$ 各点的连续性.

2. 求函数 $f(x) = \dfrac{x^3 + 3x^2 - x - 3}{x^2 + x - 6}$ 的连续区间, 并求极限 $\lim\limits_{x \to 0} f(x)$, $\lim\limits_{x \to 2} f(x)$ 及 $\lim\limits_{x \to -3} f(x)$.

3. 求下列函数的间断点, 并判定其类型:

(1) $y = \dfrac{x}{x+2}$;

(2) $y = \dfrac{x^2 - 1}{x^2 - 3x + 2}$;

(3) $y = \dfrac{1}{(x+2)^2}$;

(4) $y = \dfrac{x}{\sin x}$.

4. 求下列各极限:

(1) $\lim\limits_{x \to 0} \sqrt{x^2 - 2x + 5}$;

(2) $\lim\limits_{t \to -2} \dfrac{e^t - 1}{t}$;

(3) $\lim\limits_{x \to \frac{\pi}{4}} \dfrac{\sin 2x}{2\cos(\pi - x)}$;

(4) $\lim\limits_{x \to 0} \dfrac{\sqrt{x+1} - 1}{x}$;

(5) $\lim\limits_{x \to 0} \dfrac{x^2}{1 - \sqrt{1 + x^2}}$;

(6) $\lim\limits_{x \to 1} \dfrac{\sqrt{5x - 4} - \sqrt{x}}{x - 1}$.

5. 指出函数 $y = \cos x$ 在 $\left[0, \dfrac{3\pi}{2}\right]$ 上的最大值与最小值.

6. 指出函数 $y = e^x$ 在 $[2, 4]$ 上的最大值与最小值.

7. 证明方程 $x^5 - 3x - 1 = 0$ 在区间 $(1, 2)$ 内至少有一个根.

8. 设 $f(x)$、$g(x)$ 在 $[a, b]$ 上连续, 且 $f(a) > g(a)$, $f(b) < g(b)$, 证明方程 $f(x) = g(x)$ 在 (a, b) 内必有根.

9. 设某商品的需求关系是

$$2Q + P = 40$$

其中 Q 是商品量, P 是该商品的价格, 求销售 10 件时的总收入.

本章小结

一、初等函数

1. 基本初等函数：幂函数、指数函数、对数函数、三角函数、反三角函数．

2. 函数的几种特性：函数的单调性、函数的奇偶性、函数的周期性、函数的有界性．

3. 复合函数．

二、函数的极限

函数极限的概念：

①当 $x \to \infty$ 时函数 $f(x)$ 的极限　当 x 的绝对值无限增大时，函数 $f(x)$ 无限趋于一个确定的常数 A，则称 A 为函数 $f(x)$ 在 $x \to \infty$ 的极限．记作

$$\lim_{x \to \infty} f(x) = A.$$

$\lim\limits_{x \to \infty} f(x) = A$ 的充要条件是 $\lim\limits_{x \to -\infty} f(x) = \lim\limits_{x \to +\infty} f(x) = A$.

②当 $x \to x_0$ 时函数 $f(x)$ 的极限　当 x 无限趋于 x_0 时，函数 $f(x)$ 无限趋于一个确定的常数 A，则称 A 为函数 $f(x)$ 在 $x \to x_0$ 的极限．记作

$$\lim_{x \to x_0} f(x) = A.$$

$\lim\limits_{x \to x_0} f(x) = A$ 充要条件是 $\lim\limits_{x \to x_0 - 0} f(x) = \lim\limits_{x \to x_0 + 0} f(x) = A$.

三、无穷小与无穷大

1. 无穷小的概念　极限为零的变量，称为无穷小量，简称无穷小．

2. 无穷小的性质　①有限个无穷小的代数和是无穷小；②有限个无穷小的乘积是无穷小；③有界函数与无穷小的积是无穷小．

3. 无穷大的概念　当 $x \to x_0$ (或 $x \to \infty$) 时函数 $f(x)$ 的绝对值无限增大，则称函数 $f(x)$ 为当 $x \to x_0$ (或 $x \to \infty$) 时的无穷大量，简称无穷大．

4. 无穷小与无穷大的关系　在自变量的同一变化过程中，若 $\lim f(x) = 0$，则

$$\lim \frac{1}{f(x)} = \infty.$$

5. 无穷小的比较　设 α 和 β 都是在自变量的同一变化过程中的无穷小，且 $\lim \dfrac{\alpha}{\beta}$ 是在这一变化过程中的极限，则

①如果 $\lim \dfrac{\alpha}{\beta} = 0$，则称 α 是比 β 的高阶无穷小；

②如果 $\lim \dfrac{\alpha}{\beta} = \infty$，则称 α 是比 β 的低阶无穷小；

③如果 $\lim \dfrac{\alpha}{\beta} = C$，则称 α 和 β 是同阶无穷小（其中 $C \neq 0$ 为常数）；

④如果 $\lim \dfrac{\alpha}{\beta} = 1$，则称 α 和 β 是等价无穷小，记作 $\alpha \backsim \beta$.

四、函数极限的四则运算

设 $\lim f(x) = A$，$\lim g(x) = B$（自变量的变化趋势为 x_0 或 ∞），则

$\lim f(x) \pm g(x) = \lim f(x) \pm \lim g(x) = A \pm B$；

$\lim [f(x) \cdot g(x)] = \lim f(x) \cdot \lim g(x) = A \cdot B$；

$\lim \dfrac{f(x)}{g(x)} = \dfrac{\lim f(x)}{\lim g(x)} = \dfrac{A}{B} \ (B \neq 0)$.

五、两个重要极限

1. $\lim\limits_{x \to 0} \dfrac{\sin x}{x} = 1$；

2. $\lim\limits_{x \to \infty} \left(1 + \dfrac{1}{x}\right)^x = \mathrm{e}$.

六、函数的连续性

1. 设函数 $y = f(x)$ 在点 x_0 及其某一邻域内有定义，如果当自变量的增量趋于零时，函数的相应增量也趋于零，即

$$\lim\limits_{\Delta x \to 0} \Delta y = \lim\limits_{\Delta x \to 0} [f(x + \Delta x) - f(x)] = 0,$$

则称函数 $y = f(x)$ 在点 x_0 处连续；否则 $y = f(x)$ 在点 x_0 处间断.

2. 如果函数 $y = f(x)$ 在点 x_0 处满足：

（1）$y = f(x)$ 在点 x_0 处有定义；

（2）$\lim\limits_{x \to x_0} f(x)$ 存在；

（3）$\lim\limits_{x \to x_0} f(x) = f(x_0)$，

则函数 $y = f(x)$ 在点 x_0 处连续.

若三个条件中任一条不满足，则函数 $y = f(x)$ 在点 x_0 处间断.

测试题二

一、判断题

1. 若 $\lim\limits_{x \to 0} f(x) = 2$，则 $f(0) = 2$.　　　　　　　　　　（　　）

2. 如果 $f(x)$ 在点 x_1 处无定义，则 $\lim\limits_{x \to x_1} f(x)$ 必不存在.　（　　）

3. $\lim\limits_{x \to 1} \dfrac{\sin x}{x} = 1$.　　　　　　　　　　　　　　（　　）

4. $\lim\limits_{x \to \infty}\left(1+\dfrac{1}{x}\right)^x = \infty$. (   )

5. 函数 $f(x) = \ln(x+1)$ 的定义域是 $x > 0$. (   )

二、填空题

1. 函数 $f(x) = e^{\tan\sqrt{1+2x}}$ 的复合过程是＿＿＿＿＿＿＿＿＿＿＿＿＿＿；

2. $\lim\limits_{\Delta x \to 0}\dfrac{\sqrt{x+\Delta x}-\sqrt{x}}{\Delta x} = $＿＿＿＿＿＿＿＿；

3. $\lim\limits_{n \to \infty}\left(1-\dfrac{1}{n}\right)^n = $＿＿＿＿＿＿＿＿；

4. $\lim\limits_{x \to \infty}\dfrac{(x+1)(x+2)(x+3)}{3x^3} = $＿＿＿＿＿＿＿＿；

5. 函数 $f(x) = \dfrac{1}{x^2-3x+2}$ 的连续区间是＿＿＿＿＿＿＿＿＿．

三、选择题

1. 函数 $y = \ln(\sqrt{x^2+1}+x)$ 是(   ).

   A. 奇函数　　　　　　　　B. 偶函数

   C. 非奇非偶函数　　　　　D. 不确定

2. 下列函数中为有界函数的是(   ).

   A. $y = \ln x$　　　　　　　B. $y = \arctan x$

   C. $y = \tan x$　　　　　　　D. $y = e^x$

3. 当 $x \to 0$ 时,下列变量是无穷小的是(   ).

   A. $\sin x$　　　　　　　　B. $\ln(x+3)$

   C. e^x　　　　　　　　　　D. x^3-1

4. $\lim\limits_{x \to 0}\left(1+\dfrac{x}{2}\right)^{\frac{x-1}{x}}$ 的值是(   ).

   A. ; e^2　　　　　　　　　B. $e^{\frac{1}{2}}$

   C. $e^{-\frac{1}{2}}$　　　　　　　　D. e^{-2}

5. 复合函数 $y = \cos^2(3x+2)$ 的中间变量的个数是(   ).

   A. 0 个　　　　　　　　　B. 1 个

   C. 2 个　　　　　　　　　D. 3 个

四、解答题

1. 指出下列函数的复合过程:

   (1) $y = \sqrt{\arctan(x+1)}$;　　　　(2) $y = \tan^2\dfrac{x}{2}$.

2. 求下列函数的极限:

$(1) \lim\limits_{x \to 1} \dfrac{x^4 - 1}{x^3 - 1};$ $\qquad\qquad (2) \lim\limits_{x \to +\infty} x(\sqrt{x^2 + 1} - x);$

$(3) \lim\limits_{x \to \infty} \left(1 - \dfrac{1}{2x}\right)^x;$ $\qquad\quad (4) \lim\limits_{x \to \infty} \dfrac{2x^2 - x + 3}{x^3 + 4x + 5}.$

3. 讨论函数 $f(x) = \begin{cases} x, & x \leqslant 0 \\ x\sin \dfrac{1}{x}, & x > 0 \end{cases}$ 在点 $x = 0$ 处的连续性.

4. 证明方程 $\sin x + x + 1 = 0$ 在区间 $\left(-\dfrac{\pi}{2}, \dfrac{\pi}{2}\right)$ 内至少有一个根.

5. 某工厂生产计算机的日生产能力为 0 到 100 台,工厂维持生产的日固定费用为 4 万元,生产一台计算机的直接费用(含材料费和劳务费)是 4250 元. 求该厂日生产 x 台计算机的总成本,并指出其定义域.

6. 某一玩具公司生产 x 件玩具将花费 $400 + 5\sqrt{x(x-4)}$ 元,如果每件玩具卖 48 元,那么公司生产 x 件玩具获得的净利润是多少?

第三章　导数与微分

导数与微分是微分学的两个基本概念.导数的概念最初是从寻找平面曲线的切线以及确定变速运动的瞬时速度而产生的.其中导数反映函数相对于自变量的变化快慢程度,即函数对自变量的变化率;而微分则反映出当自变量有微小改变时,函数就有微小的改变量.

本章主要介绍导数与微分的概念以及它们的计算方法,从而系统地解决了初等函数的求导问题.

§3-1　导数的概念

一、两个引例

1. 变速直线运动的瞬时速度

设一物体做变速直线运动,其运动方程为 $s=s(t)$,求物体在 t_0 时刻的瞬时速度 $v(t_0)$.

分析　当物体作直线运动时,它在任意时刻的速度 v 都等于物体经过的路程 s 与时间 t 的比值,即 $v=\dfrac{s}{t}$;而物体作变速直线运动时,它在不同时刻的速度是不同的,物理学中把物体在某一时刻的速度称为瞬时速度,而上式中的速度只能反映物体在某时段内的平均速度.

我们假定这个物体沿数轴的正方向前进(如图 3-1 所示),

图 3-1

设当 $t=t_0$ 时,物体的位置为 $s(t_0)$,当 $t=t_0+\Delta t$ 时,物体的位置为 $s(t_0+\Delta t)$,物体在 Δt 的时间间隔内,所经过的路程是

$$\Delta s=s(t_0+\Delta t)-s(t_0)$$

则在这段时间内物体运动的平均速度为

$$\bar{v} = \frac{\Delta s}{\Delta t} = \frac{s(t_0 + \Delta t) - s(t_0)}{\Delta t}$$

显然,当 Δt 越小,$\bar{v}$ 就越接近 t_0 时刻的瞬时速度 $v(t_0)$,即 Δt 无限趋于 0 时,$\bar{v}$ 无限趋近于 $v(t_0)$. 所以,若 $\lim\limits_{\Delta t \to 0} \dfrac{s(t_0 + \Delta t) - s(t_0)}{\Delta t}$ 存在,则此极限值即为物体在 t_0 时刻的瞬时速度 $v(t_0)$,即

$$v(t_0) = \lim_{\Delta t \to 0} \bar{v} = \lim_{\Delta t \to 0} \frac{\Delta s}{\Delta t} = \lim_{\Delta t \to 0} \frac{s(t_0 + \Delta t) - s(t_0)}{\Delta t}.$$

就是说,物体运动的瞬时速度是路程函数的增量与时间的增量之比在时间的增量趋于零时的极限.

2. 平面曲线的切线斜率

设曲线 C 所对应的函数为 $y = f(x)$,求曲线 C 在 $M(x_0, f(x_0))$ 处的切线的斜率.

圆的切线可定义为"与曲线只有一个交点的直线". 但是对于其他曲线,用"与曲线只有一个交点的直线"作为切线的定义就不一定合适. 实际上,包括圆在内的各种平面曲线的切线的严格定义如下:

定义 1 设 M、N 是曲线 C 上的两点,过这两点作割线 MN,当点 N 沿曲线 C 无限接近于点 M 时,如果割线 MN 绕点 M 旋转而趋于极限位置 MT 时,则称直线 MT 为曲线 C 在点 M 处的切线,如图 $3-2$ 所示.

根据图 $3-2$ 可知,曲线 C 的割线 MN 的斜率为

$$\tan\varphi = \frac{\Delta y}{\Delta x} = \frac{f(x_0 + \Delta x) - f(x_0)}{\Delta x}$$

其中 φ 为割线 MN 的倾斜角.

显然,当点 N 沿曲线 C 趋近于点 M 时,$\Delta x \to 0$,此时 $\varphi \to \alpha$,$\tan\varphi \to \tan\alpha$.

如果当 $\Delta x \to 0$ 时,割线的斜率 $\tan\varphi$ 的极限存在,则曲线 C 在点 $M(x_0, y_0)$ 处的切线斜率为

$$\tan\alpha = \lim_{\varphi \to \alpha} \tan\varphi = \lim_{\Delta x \to 0} \frac{\Delta y}{\Delta x}$$
$$= \lim_{\Delta x \to 0} \frac{f(x_0 + \Delta x) - f(x_0)}{\Delta x}.$$

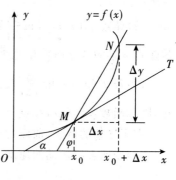

图 $3-2$

二、导数的概念

上面所讨论的两个问题,虽然实际意义不同,但具有相同的数学表达形式:归结为求函数的增量与自变量的增量之比当自变量的增量趋于零时的极限.把这种形式的极限抽象出来,就是函数的导数概念.

定义 2 设函数 $y = f(x)$ 在点 x_0 的某一邻域内有定义,当自变量 x 在 x_0 处有增量 Δx 时,相应地函数 y 也取得增量 $\Delta y = f(x_0 + \Delta x) - f(x_0)$,如果 Δy 与 Δx 之比当 $\Delta x \to 0$ 时的极限 $\lim\limits_{\Delta x \to 0} \dfrac{\Delta y}{\Delta x} = \lim\limits_{\Delta x \to 0} \dfrac{f(x_0 + \Delta x) - f(x_0)}{\Delta x}$ 存在,则称此极限值为 $y = f(x)$ 在点 x_0 处的导数,并且说函数 $y = f(x)$ 在点 x_0 处可导,记作

$$y'|_{x = x_0}, f'(x_0), \frac{dy}{dx}\bigg|_{x = x_0} \text{ 或 } \frac{df(x)}{dx}\bigg|_{x = x_0}$$

即

$$y'|_{x = x_0} = \lim_{\Delta x \to 0} \frac{\Delta y}{\Delta x} = \lim_{\Delta x \to 0} \frac{f(x_0 + \Delta x) - f(x_0)}{\Delta x}.$$

函数 $f(x)$ 在点 x_0 处可导有时也说成 $f(x)$ 在点 x_0 处具有导数或导数存在.

说明

(1)在导数定义中,比值 $\dfrac{\Delta y}{\Delta x}$ 是函数 $y = f(x)$ 在区间 $[x_0, x_0 + \Delta x]$ 的平均变化率.

(2)导数 $f'(x_0) = \lim\limits_{\Delta x \to 0} \dfrac{\Delta y}{\Delta x}$ 则是函数 $y = f(x)$ 在点 x_0 处的变化率,它反映了函数随自变量的变化而变化的快慢程度.

(3)若 $f'(x_0) = \lim\limits_{\Delta x \to 0} \dfrac{\Delta y}{\Delta x}$ 存在,则称函数 $y = f(x)$ 在点 x_0 处可导.若极限不存在,则称函数 $y = f(x)$ 在点 x_0 处不可导.

有了导数的概念,前面讨论的两个实例可以叙述为:

(1)变速直线运动的速度 $v(t_0)$ 是路程 $s = s(t)$ 在 t_0 时刻的导数,即

$$v(t_0) = s'(t_0).$$

(2)曲线 C 在点 $M(x_0, f(x_0))$ 处的切线的斜率等于函数 $f(x)$ 在点 x_0 处的导数,即

$$k_{切} = \tan\alpha = f'(x_0).$$

定义 3 如果函数 $f(x)$ 在区间 (a, b) 内的每一点都可导,就称函数 $f(x)$ 在区间 (a, b) 内可导.这时,函数 $f(x)$ 对于 (a, b) 内的每一个确定的 x 的值,都对应着一个确定的导数,这就构成了一个新的函数,这个函数叫做 $f(x)$ 的导函数,记作 y',

$f'(x), \dfrac{\mathrm{d}y}{\mathrm{d}x}$ 或 $\dfrac{\mathrm{d}f(x)}{\mathrm{d}x}$，即

$$y' = \lim_{\Delta x \to 0} \frac{\Delta y}{\Delta x} = \lim_{\Delta x \to 0} \frac{f(x + \Delta x) - f(x)}{\Delta x}.$$

显然，$f'(x_0)$ 是导函数 $f'(x)$ 在点 x_0 处的函数值.

在不致发生混淆的情况下，导函数也简称为导数.

例 1 已知函数 $f(x) = x^2$，求其在点 x_0 处的导数 $f'(x_0)$.

解 因为在 x_0 处，函数值的改变量

$$\begin{aligned}
\Delta y &= f(x_0 + \Delta x) - f(x_0)\\
&= (x_0 + \Delta x)^2 - x_0^2 = 2x_0 \Delta x + (\Delta x)^2
\end{aligned}$$

于是　　$\dfrac{\Delta y}{\Delta x} = \dfrac{2x_0 \Delta x + (\Delta x)^2}{\Delta x} = 2x_0 + \Delta x$

所以　　$f'(x_0) = \lim\limits_{\Delta x \to 0} \dfrac{\Delta y}{\Delta x} = \lim\limits_{\Delta x \to 0}(2x_0 + \Delta x) = 2x_0.$

三、导数的几何意义

由引例 2 及导数的定义可知：函数 $y = f(x)$ 在点 x_0 处的导数 $f'(x_0)$ 在几何上表示曲线 $y = f(x)$ 在点 $M(x_0, y_0)$ 处的切线的斜率，即

$$f'(x_0) = \tan\alpha,$$

其中 α 是切线的倾斜角.

根据导数的几何意义并应用直线的点斜式方程，可知曲线 $f(x)$ 在点 $M(x_0, y_0)$ 处的切线方程为

$$y - y_0 = f'(x_0)(x - x_0).$$

过切点 $M(x_0, y_0)$ 与切线垂直的直线叫做曲线 $f(x)$ 在点 $M(x_0, y_0)$ 处的法线.

若 $f'(x_0) \neq 0$，则法线方程为

$$y - y_0 = -\frac{1}{f'(x_0)}(x - x_0).$$

例 2 求曲线 $f(x) = x^2$ 在点 $(2, 4)$ 处的切线方程和法线方程.

解 由导数的几何意义可知，所求切线的斜率为

$$k_1 = y'\big|_{x=2} = 2x\big|_{x=2} = 4,$$

故所求切线方程为

$$y - 4 = 4(x - 2),$$

即　　　　$4x - y - 4 = 0.$

所求法线的斜率为

$$k_2 = -\frac{1}{k_1} = -\frac{1}{4},$$

法线方程为

$$y - 4 = -\frac{1}{4}(x - 2),$$

即

$$-\frac{1}{4}x - y + \frac{9}{2} = 0.$$

四、可导与连续的关系

可导性与连续性是函数的两个重要概念,它们之间有什么内在的联系呢?

定理 1　如果函数 $y = f(x)$ 在点 x_0 处可导,则函数 $y = f(x)$ 在点 x_0 处必连续.

证　因为函数 $y = f(x)$ 在点 x_0 可导,即极限 $\lim\limits_{\Delta x \to 0}\frac{\Delta y}{\Delta x} = f'(x_0)$ 存在,于是

$$\lim_{\Delta x \to 0}\Delta y = \lim_{\Delta x \to 0}\left(\frac{\Delta y}{\Delta x} \cdot \Delta x\right) = \lim_{\Delta x \to 0}\frac{\Delta y}{\Delta x} \cdot \lim_{\Delta x \to 0}\Delta x = f'(x_0) \cdot 0 = 0$$

即函数 $y = f(x)$ 在点 x_0 处必连续.

注意　上述定理的逆定理是不成立的,即函数 $y = f(x)$ 在点 x_0 处连续,但在该点不一定可导.

例 3　讨论函数 $y = \sqrt[3]{x}$ 在 $x = 0$ 处的可导性.

解　函数 $y = \sqrt[3]{x}$ 在区间 $(-\infty, +\infty)$ 内连续,但在 $x = 0$ 处不可导.这是因为在 $x = 0$ 处,有

$$\lim_{\Delta x \to 0}\frac{\Delta y}{\Delta x} = \lim_{\Delta x \to 0}\frac{\sqrt[3]{0 + \Delta x} - \sqrt[3]{0}}{\Delta x}$$

$$= \lim_{\Delta x \to 0}(\Delta x)^{-\frac{2}{3}} = \infty$$

即函数 $y = \sqrt[3]{x}$ 在 $x = 0$ 处的导数为无穷大,所以极限不存在.这曲线 $y = \sqrt[3]{x}$ 在 $x = 0$ 处具有垂直于 x 轴的切线.如图 3-3 所示.

图 3-3

例 4　讨论函数 $y = |x|$ 在点 $x = 0$ 处是否连续? 是否可导?

解　(1)连续性

因为　　　　$\Delta y = |0 + \Delta x| - |0| = |\Delta x|$

于是　　　　$\lim\limits_{\Delta x \to 0}\Delta y = \lim\limits_{\Delta x \to 0}|\Delta x| = 0$

所以 $y = |x|$ 在点 $x = 0$ 处连续.

(2)可导性

由于 $\lim\limits_{\Delta x \to 0} \dfrac{\Delta y}{\Delta x} = \lim\limits_{\Delta x \to 0} \dfrac{|\Delta x|}{\Delta x}$，所以

$$\lim\limits_{\Delta x \to 0^{+}} \frac{\Delta y}{\Delta x} = \lim\limits_{\Delta x \to 0^{+}} \frac{|\Delta x|}{\Delta x} = \lim\limits_{\Delta x \to 0^{+}} \frac{\Delta x}{\Delta x} = 1$$

$$\lim\limits_{\Delta x \to 0^{-}} \frac{\Delta y}{\Delta x} = \lim\limits_{\Delta x \to 0^{-}} \frac{|\Delta x|}{\Delta x} = \lim\limits_{\Delta x \to 0^{-}} \frac{-\Delta x}{\Delta x} = -1$$

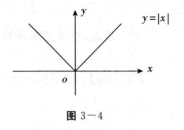

图 3—4

因为 $\lim\limits_{\Delta x \to 0^{+}} \dfrac{\Delta y}{\Delta x} \neq \lim\limits_{\Delta x \to 0^{-}} \dfrac{\Delta y}{\Delta x}$

故极限 $\lim\limits_{\Delta x \to 0} \dfrac{\Delta y}{\Delta x}$ 不存在，所以函数 $y = |x|$ 在点 $x = 0$ 处不可导. 如图 3—4 所示.

由上述两例说明函数连续是可导的必要条件，而非充分条件.

五、求导数举例

用定义来求导数时，可分为三个步骤：

(1)求增量：$\Delta y = f(x + \Delta x) - f(x)$

(2)算比值：$\dfrac{\Delta y}{\Delta x} = \dfrac{f(x + \Delta x) - f(x)}{\Delta x}$

(3)取极限：$y' = \lim\limits_{\Delta x \to 0} \dfrac{\Delta y}{\Delta x} = \lim\limits_{\Delta x \to 0} \dfrac{f(x + \Delta x) - f(x)}{\Delta x}$.

下面，利用以上三个步骤求一些基本初等函数的导数

例 5　求 $f(x) = C$（C 是常数）的导数.

解　(1)求增量：$\Delta y = C - C = 0$

(2)算比值：$\dfrac{\Delta y}{\Delta x} = 0$

(3)取极限：$f'(x) = \lim\limits_{\Delta x \to 0} \dfrac{\Delta y}{\Delta x} = \lim\limits_{\Delta x \to 0} 0 = 0$.

即 $C' = 0$　（C 为常数）

例 6　求 $f(x) = x^3$ 的导数.

解　(1)求增量：$\Delta y = f(x + \Delta x) - f(x) = (x + \Delta x)^3 - x^3$

$$= 3x^2 \Delta x + 3x(\Delta x)^2 + (\Delta x)^3$$

(2)算比值：$\dfrac{\Delta y}{\Delta x} = \dfrac{3x^2 \Delta x + 3x(\Delta x)^2 + (\Delta x)^3}{\Delta x} = 3x^2 + 3x(\Delta x) + (\Delta x)^2$

(3)取极限：$f'(x) = \lim\limits_{\Delta x \to 0} \dfrac{\Delta y}{\Delta x} = \lim\limits_{\Delta x \to 0} [3x^2 + 3x(\Delta x) + (\Delta x)^2] = 3x^2$

即　　　　　　　　　　$(x^3)' = 3x^2$

由例 1 和例 6 的结果，可推广到任意正整数幂的情况，即

$$(x^n)' = nx^{n-1}.$$

更一般地,对任意幂函数 $y = x^\alpha$(α 是任意常数),都有

$$(x^\alpha)' = \alpha x^{\alpha-1}.$$

【练一练】 求下列函数的导数:

(1) $y = \dfrac{1}{x}$;   (2) $y = \sqrt{x}$;

(3) $y = \sqrt[3]{x^2}$;   (4) $y = x\sqrt{x}$.

例 7 求 $f(x) = \sin x$ 的导数.

解 $f'(x) = \lim\limits_{\Delta x \to 0} \dfrac{\sin(x+\Delta x) - \sin(x)}{\Delta x}$

$$= \lim_{\Delta x \to 0} \frac{2\cos(x+\frac{\Delta x}{2})\sin(\frac{\Delta x}{2})}{\Delta x}$$

$$= \lim_{\Delta x \to 0} \frac{\sin(\frac{\Delta x}{2})}{\frac{\Delta x}{2}} \cdot \cos(x+\frac{\Delta x}{2}) = \cos x.$$

即 $(\sin x)' = \cos x.$

类似地可以求得 $(\cos x)' = -\sin x.$

例 8 求 $f(x) = \log_a x$ ($a>0, a \neq 1, x>0$) 的导数.

解 $f'(x) = \lim\limits_{\Delta x \to 0} \dfrac{\log_a(x+\Delta x) - \log_a x}{\Delta x}$

$$= \lim_{\Delta x \to 0} \frac{\log_a(1+\frac{\Delta x}{x})}{\Delta x} = \lim_{\Delta x \to 0} \log_a(1+\frac{\Delta x}{x})^{\frac{1}{\Delta x}}$$

$$= \lim_{\Delta x \to 0} \frac{1}{x} \log_a(1+\frac{\Delta x}{x})^{\frac{x}{\Delta x}} = \log_a \lim_{\Delta x \to 0}\left[(1+\frac{\Delta x}{x})^{\frac{x}{\Delta x}}\right]^{\frac{1}{x}}$$

$$= \frac{1}{x}\log_a e = \frac{1}{x\ln a}.$$

即 $(\log_a x)' = \dfrac{1}{x\ln a}.$

特别地,当 $a = e$ 时,可得 $(\ln x)' = \dfrac{1}{x}.$

习题 3-1

1. 根据导数的定义求下列函数在指定点的导数:

（1）$y = x^2 - 3, x = 3$；　　　　　（2）$y = \dfrac{2}{x}, x = 1$.

2. 一物体作变速直线运动，它所经过的路程和时间的关系是 $s = 6t^2 + 3$，求 $t = 3$ 时的瞬时速度.

3. 求正弦曲线 $y = \sin x$ 在点 $\left(\dfrac{\pi}{3}, \dfrac{\sqrt{3}}{2}\right)$ 处的切线方程和法线方程.

4. 曲线 $y = \ln x$ 上哪一点的切线平行于直线 $x - 2y - 2 = 0$.

5. 讨论下列函数在点 $x = 0$ 处的连续性与可导性：

（1）$f(x) = |\sin x|$；　　　　　（2）$f(x) = \begin{cases} \sin x, & x < 0 \\ x, & x \geqslant 0 \end{cases}$.

6. 设 $f(x) = \begin{cases} x^2, & x \leqslant 1 \\ ax + b, & x > 1 \end{cases}$，问 a, b 为何值时，使 $f(x)$ 在 $x = 1$ 可导.

§3-2　求导法则

前面根据导数的定义，求出了一些简单函数的导数，但是对于比较复杂的函数直接根据定义来求其导数往往很困难. 在本节里，我们将介绍一些求导数的基本法则和基本初等函数的求导公式，利用这些法则和公式，就能比较方便地求出常见初等函数的导数.

一、导数的四则运算法则

定理 2　设函数 $u = u(x)$ 和 $v = v(x)$ 在点 x 处都可导，则它们的和、差、积、商（分母不为零）构成的函数在点 x 处也都可导，且有以下法则：

（1）$[u(x) \pm v(x)]' = u'(x) \pm v'(x)$；

（2）$[u(x) \cdot v(x)]' = u'(x)v(x) + u(x)v'(x)$；

特别地，$(Cu)' = Cu'$（C 是常数）；

（3）$\left[\dfrac{u(x)}{v(x)}\right]' = \dfrac{u'(x)v(x) - u(x)v'(x)}{v^2(x)}$　（$v(x) \neq 0$）；

特别地，$\left[\dfrac{C}{v(x)}\right]' = \dfrac{-Cv'(x)}{v^2(x)}$　　（$v(x) \neq 0$）.

注意　定理 2 中的（1）、（2）均可推广到有限多个函数运算的情形. 例如，设 $u = u(x)$、$v = v(x)$、$w = w(x)$ 均可导，则有

$$(u - v + w)' = u' - v' + w'$$
$$(uvw)' = u'vw + uv'w + uvw'$$

定理 2 可利用导数的定义进行证明,这里仅给出(2)的证明.

证 设 $y = u(x) \cdot v(x)$,则

$$\Delta y = u(x + \Delta x)v(x + \Delta x) - u(x)v(x)$$

$$= u(x + \Delta x)v(x + \Delta x) - u(x)v(x + \Delta x) + u(x)v(x + \Delta x)$$
$$- u(x)v(x)$$

$$= v(x + \Delta x)[u(x + \Delta x) - u(x)] + u(x)[v(x + \Delta x) - v(x)]$$

$$= v(x + \Delta x)\Delta u(x) + u(x)\Delta v(x)$$

由于 $u = u(x)$ 和 $v = v(x)$ 在点 x 处都可导,而可导必连续,于是

$$y' = \lim_{\Delta x \to 0} \frac{\Delta y}{\Delta x} = \lim_{\Delta x \to 0} \frac{v(x + \Delta x)\Delta u(x) + u(x)\Delta v(x)}{\Delta x}$$

$$= \lim_{\Delta x \to 0} v(x + \Delta x) \lim_{\Delta x \to 0} \frac{\Delta u(x)}{\Delta x} + u(x) \lim_{\Delta x \to 0} \frac{\Delta v(x)}{\Delta x}$$

$$= u'(x)v(x) + u(x)v'(x)$$

即

$$(uv)' = u'v + uv'.$$

例 1 已知 $f(x) = x^3 - \dfrac{3}{x^2} + 2x - \ln x$,求 $f'(x)$.

解 $f'(x) = \left(x^3 - \dfrac{3}{x^2} + 2x - \ln x\right)'$

$$= (x^3)' - \left(\frac{3}{x^2}\right)' + (2x)' - (\ln x)'$$

$$= 3x^2 + \frac{6}{x^3} - \frac{1}{x} + 2.$$

例 2 已知 $f(x) = x^5 \sin x$,求 $f'(x)$.

解 $f'(x) = (x^5)' \sin x + x^5 (\sin x)'$

$$= 5x^4 \sin x + x^5 \cos x.$$

例 3 求 $y = x^3 \ln x + 2\cos x$ 的导数.

解 $y' = (x^3 \ln x + 2\cos x)' = (x^3)' \ln x + x^3 (\ln x)' + 2(\cos x)'$

$$= 3x^2 \ln x + x^3 \cdot \frac{1}{x} + 2(-\sin x) = 3x^2 \ln x + x^2 - 2\sin x.$$

例 4 已知 $f(x) = \tan x$,求 $f'(x)$.

解 $f'(x) = (\tan x)' = \left(\dfrac{\sin x}{\cos x}\right)' = \dfrac{(\sin x)' \cos x - \sin x (\cos x)'}{\cos^2 x}$

$$= \frac{\cos x \cdot \cos x - \sin x(-\sin x)}{\cos^2 x} = \frac{1}{\cos^2 x} = \sec^2 x.$$

即

$$(\tan x)' = \sec^2 x.$$

【练一练】 类似地可得

$$(\cot x)' = -\csc^2 x;$$

$$(\sec x)' = \sec x \tan x;$$

$$(\csc x)' = -\csc x \cot x.$$

二、反函数的求导法则

定理 3 如果函数 $x = \varphi(y)$ 在某一区间内单调、可导,且 $\varphi'(y) \neq 0$,则它的反函数 $y = f(x)$ 在对应区间内也单调、可导,且有

$$f'(x) = \frac{1}{\varphi'(y)}.$$

也就是说,反函数的导数等于直接函数导数的倒数.

例 5 求函数 $y = a^x (a > 0$ 且 $a \neq 1)$ 的导数.

解 对数函数 $x = \log_a y$ 在区间 $(0, +\infty)$ 内单调、可导,且

$$(\log_a y)' = \frac{1}{y \ln a} \neq 0,$$

由定理 3 知:它的反函数 $y = a^x$ 在对应区间 $(-\infty, +\infty)$ 内单调、可导,且

$$(a^x)' = \frac{1}{(\log_a y)'} = \frac{1}{\dfrac{1}{y \ln a}} = y \ln a = a^x \ln a.$$

即

$$(a^x)' = a^x \ln a.$$

特殊地,当 $a = e$ 时,有 $\quad (e^x)' = e^x.$

例 6 求函数 $y = \arcsin x$ 的导数.

解 函数 $x = \sin y$ 在区间 $\left(-\dfrac{\pi}{2}, \dfrac{\pi}{2}\right)$ 内单调、可导,且

$$(\sin y)' = \cos y > 0,$$

由定理 3 知:它的反函数 $y = \arcsin x$ 在对应区间 $(-1, 1)$ 内单调、可导,且

$$(\arcsin x)' = \frac{1}{(\sin y)'} = \frac{1}{\cos y}.$$

而当 $y \in \left(-\dfrac{\pi}{2}, \dfrac{\pi}{2}\right)$ 时,$\cos y = \sqrt{1 - \sin^2 y} = \sqrt{1 - x^2}$,因此

$$(\arcsin x)' = \frac{1}{\sqrt{1 - x^2}}.$$

类似地,可得 $\quad (\arccos x)' = -\dfrac{1}{\sqrt{1 - x^2}}.$

例 7 求函数 $y = \arctan x$ 的导数.

解　函数 $x=\tan y$ 在区间 $\left(-\dfrac{\pi}{2},\dfrac{\pi}{2}\right)$ 内单调、可导,且

$$(\tan y)'=\sec^2 y\neq 0,$$

由定理 3 知:它的反函数 $y=\arctan x$ 在对应区间 $(-\infty,\infty)$ 内单调、可导,且

$$(\arctan x)'=\frac{1}{(\tan y)'}=\frac{1}{\sec^2 y}=\frac{1}{1+\tan^2 y}=\frac{1}{1+x^2}.$$

即

$$(\arctan x)'=\frac{1}{1+x^2}$$

类似地,可得

$$(\text{arccot} x)'=-\frac{1}{1+x^2}.$$

三、复合函数的求导法则

引例　求函数 $y=\sin 2x$ 的导数.

解　因为 $y=\sin 2x=2\sin x\cos x$,所以

$$
\begin{aligned}
y'&=(2\sin x\cos x)'=2\big[(\sin x)'\cos x+\sin x(\cos x)'\big]\\
&=2(\cos^2 x-\sin^2 x)=2\cos 2x
\end{aligned}
$$

由引例的计算结果发现:$(\sin 2x)'\neq\cos 2x$,所以求函数 $y=\sin 2x$ 的导数不能直接应用基本的求导公式.

对于函数 $y=\sin 2x$ 很显然它是复合函数,是由函数 $y=\sin u$ 和 $u=2x$ 复合而成的.而 $y=\sin u$ 的导数 $\dfrac{\mathrm{d}y}{\mathrm{d}u}=\cos u$,$u=2x$ 的导数 $\dfrac{\mathrm{d}u}{\mathrm{d}x}=2$.

显然函数 $y=\sin 2x$ 的导数 $\dfrac{\mathrm{d}y}{\mathrm{d}x}=\dfrac{\mathrm{d}y}{\mathrm{d}u}\cdot\dfrac{\mathrm{d}u}{\mathrm{d}x}=2\cos u=2\cos 2x$.

对于复合函数的求导问题,有如下

定理 4　若函数 $u=\varphi(x)$ 在 x 处可导,而函数 $y=f(u)$ 在 u 处可导,则复合函数 $y=f[\varphi(x)]$ 在 x 处也可导,且有

$$\frac{\mathrm{d}y}{\mathrm{d}x}=\frac{\mathrm{d}y}{\mathrm{d}u}\cdot\frac{\mathrm{d}u}{\mathrm{d}x}\text{ 或 }y'_x=y'_u\cdot u'_x.$$

上式就是复合函数的导数公式,复合函数的导数等于已知函数对中间变量的导数乘以中间变量对自变量的导数.

证　因为 $y=f(u)$ 可导,所以 $\lim\limits_{\Delta u\to 0}\dfrac{\Delta y}{\Delta u}=f'(u)$ 存在.由无穷小与函数极限的关系,有

$$\frac{\Delta y}{\Delta u}=f'(u)+\alpha,$$

其中 α 是 $\Delta u\to 0$ 时的无穷小.上式两端同乘以 Δu,得

$$\Delta y = f'(u)\Delta u + \alpha \cdot \Delta u,$$

两端同除以 Δx,得

$$\frac{\Delta y}{\Delta x} = f'(u)\frac{\Delta u}{\Delta x} + \alpha \cdot \frac{\Delta u}{\Delta x},$$

注意到 $\Delta x \to 0$ 时,$\Delta u \to 0$,于是

$$\lim_{\Delta x \to 0}\frac{\Delta y}{\Delta x} = f'(u)\lim_{\Delta x \to 0}\frac{\Delta u}{\Delta x} + \lim_{\Delta x \to 0}\alpha \cdot \lim_{\Delta x \to 0}\frac{\Delta u}{\Delta x}$$

$$= f'(u)\varphi'(x) + 0 \cdot \varphi'(x) = f'(u)\varphi'(x).$$

定理 4 可以推广到有限个中间变量的情形. 例如,设

$$y = f(u), u = g(v), v = \varphi(x)$$

则复合函数 $y = f\{g[\varphi(x)]\}$ 的导数为

$$y'_x = f'_u \cdot g'_v \cdot \varphi'_x.$$

例 8　求函数 $y = \sqrt{x^2+1}$ 的导数.

解　$y = \sqrt{x^2+1}$ 可看作由 $y = \sqrt{u}, u = x^2+1$ 复合而成.

因　$\dfrac{dy}{du} = \dfrac{1}{2\sqrt{u}}, \dfrac{du}{dx} = 2x$

故　$\dfrac{dy}{dx} = \dfrac{dy}{du} \cdot \dfrac{du}{dx} = \dfrac{1}{2\sqrt{u}} \cdot 2x = \dfrac{x}{\sqrt{x^2+1}}.$

例 9　求函数 $y = \ln[\sin(e^x)]$ 的导数.

解　$y = \ln[\sin(e^x)]$ 可看作由 $y = \ln u, u = \sin v, v = e^x$ 复合而成.

因　$\dfrac{dy}{du} = \dfrac{1}{u}, \dfrac{du}{dv} = \cos v, \dfrac{dv}{dx} = e^x$

故　$\dfrac{dy}{dx} = \dfrac{dy}{du} \cdot \dfrac{du}{dv} \cdot \dfrac{dv}{dx}$

$$= \frac{1}{u} \cdot \cos v \cdot e^x = \frac{\cos(e^x)}{\sin(e^x)} \cdot e^x = e^x \cdot \cot(e^x).$$

复合函数求导运算熟练后,可不必再写出中间变量,而直接由外往里、逐层求导即可,但是千万要分清楚函数的复合过程.

例 10　求函数 $y = \tan x^2$ 的导数.

解　$\dfrac{dy}{dx} = (\tan x^2)' = \sec^2 x^2 \cdot (x^2)' = 2x\sec^2 x^2.$

例 11　求函数 $y = e^{\cos\frac{1}{x}}$ 的导数.

解　$y'_x = (e^{\cos\frac{1}{x}})' = e^{\cos\frac{1}{x}}(\cos\frac{1}{x})'$

$$= e^{\cos\frac{1}{x}} \cdot (-\sin\frac{1}{x}) \cdot (\frac{1}{x})' = \frac{1}{x^2} \cdot e^{\cos\frac{1}{x}} \cdot \sin\frac{1}{x}.$$

例 12 求函数 $y = \sin^2(x^3 + 1)$ 的导数.

解 $y'_x = [\sin^2(x^3 + 1)]'$

$= 2\sin(x^3 + 1) \cdot [\sin(x^3 + 1)]'$

$= 2\sin(x^3 + 1) \cdot \cos(x^3 + 1) \cdot (x^3 + 1)'$

$= 3x^2 \sin[2(x^3 + 1)].$

四、初等函数的求导法则

由基本初等函数的导数公式和上述的求导法则,就可以解决初等函数的求导问题. 为了便于查阅,现将这些公式与法则总结如下:

1. 常数和基本初等函数的导数公式

表 3-1

$(1)(C)' = 0$	$(2)(x^a)' = ax^{a-1}$
$(3)(\sin x)' = \cos x$	$(4)(\cos x)' = -\sin x$
$(5)(\tan x)' = \sec^2 x = \dfrac{1}{\cos^2 x}$	$(6)(\cot x)' = -\csc^2 x = -\dfrac{1}{\sin^2 x}$
$(7)(\sec x)' = \sec x \cdot \tan x$	$(8)(\csc x)' = -\csc x \cdot \cot x$
$(9)(a^x)' = a^x \ln a$	$(10)(\mathrm{e}^x)' = \mathrm{e}^x$
$(11)(\log_a x)' = \dfrac{1}{x \ln a}$	$(12)(\ln x)' = \dfrac{1}{x}$
$(13)(\arcsin x)' = \dfrac{1}{\sqrt{1-x^2}}$	$(14)(\arccos x)' = -\dfrac{1}{\sqrt{1-x^2}}$
$(15)(\arctan x)' = \dfrac{1}{1+x^2}$	$(16)(\operatorname{arccot} x)' = -\dfrac{1}{1+x^2}$

2. 函数和、差、积、商的求导法则

设 $u = u(x), v = v(x)$,则

(1) $(u \pm v)' = u' \pm v'$;　　(2) $(Cu)' = C \cdot u'$(C 是常数);

(3) $(uv)' = u'v + uv'$;　　(4) $\left(\dfrac{u}{v}\right)' = \dfrac{u'v - uv'}{v^2}$.

3. 复合函数的求导法则

设 $y = f(u)$,而 $u = \varphi(x)$,则复合函数 $y = f[\varphi(x)]$ 的导数为

$$\frac{dy}{dx} = \frac{dy}{du} \cdot \frac{du}{dx} \text{或} y'_x = f'(u) \cdot \varphi'(x).$$

4. 反函数的求导法则

设 $y = f(x)$ 是 $x = \varphi(y)$ 的反函数,则反函数的导数为

$$f'(x) = \frac{1}{\varphi'(y)}(\varphi'(y) \neq 0).$$

例 13 求函数 $y = e^{3\sqrt{x^2+1}}$ 的导数.

解 $\quad y' = e^{3\sqrt{x^2+1}} \cdot (3\sqrt{x^2+1})'$

$$= e^{3\sqrt{x^2+1}} \cdot 3 \cdot \frac{1}{2\sqrt{x^2+1}} \cdot (x^2+1)'$$

$$= e^{3\sqrt{x^2+1}} \cdot 3 \cdot \frac{1}{2\sqrt{x^2+1}} \cdot 2x$$

$$= \frac{3xe^{3\sqrt{x^2+1}}}{\sqrt{x^2+1}}.$$

例 14 求函数 $y = \sin^3 x \cdot \sqrt{x^2+2^x}$ 的导数.

解 $\quad y' = (\sin^3 x)' \cdot \sqrt{x^2+2^x} + \sin^3 x \cdot (\sqrt{x^2+2^x})'$

$$= 3\sin^2 x \cdot \cos x \cdot \sqrt{x^2+2^x} + \sin^3 x \cdot \left[\frac{2x+2^x \ln 2}{2\sqrt{x^2+2^x}}\right].$$

例 15 求函数 $y = \theta\cos\theta + \sin\theta^2$ 的导数.

解 $\quad y' = \theta(-\sin\theta) + 1 \cdot \cos\theta + \cos\theta^2 \cdot 2\theta$

$$= -\theta\sin\theta + \cos\theta + 2\theta\cos\theta^2.$$

习题 3-2

1. 求下列函数的导数:

$(1) y = \frac{1}{x} - \sqrt{x} - e^2$;

$(2) y = e^x \cos x$;

$(3) y = \frac{x}{4^x}$;

$(4) y = \sqrt{x}\ln x \cos x$;

$(5) y = \frac{e^x}{1+x^2}$;

$(6) y = x^2 \arctan x - \ln x$;

$(7) y = \sqrt{x}\csc x$;

$(8) y = 5^x + x^6$.

2. 设 $f(x) = x\tan x + \frac{1}{2}\cos x$,求 $f'(\frac{\pi}{4})$.

3. 求下列函数的导数：

(1) $y=\mathrm{e}^{\sin x}$；

(2) $y=\arcsin(3x^2)$；

(3) $y=(1-x^2)^6$；

(4) $y=\sqrt{1-2x^2}$；

(5) $y=\ln\cos\sqrt{x}$；

(6) $y=\tan\dfrac{1}{x}$；

(7) $y=\mathrm{e}^{-3x}\cos 2x$；

(8) $y=\ln(\sec x+\tan x)$；

(9) $y=\dfrac{x}{\sqrt{1-x^2}}$；

(10) $y=\ln[\ln(\ln x)]$.

§3-3　隐函数及参数式函数的导数

一、隐函数的导数

前面所遇到的函数都是 $y=f(x)$ 的形式，这样的函数叫做显函数，如 $y=\sin 3x$，$y=\ln x-\tan x$ 等. 有些函数的表达方式却不是这样，例如方程 $\cos(xy)+\mathrm{e}^y=y^2$ 也表示一个函数，因为自变量 x 在某个定义域内取值时，变量 y 有唯一确定的值与之对应，这样由方程 $f(x,y)=0$ 的形式所确定的函数叫做隐函数.

例 1　求由方程 $x^3+y^3-3=0$ 所确定的隐函数 $y=f(x)$ 的导数.

解　方程两边同时对 x 求导，注意 y 是 x 的函数，得

$$(x^3)'+(y^3)'-(3)'=0$$

即　$3x^2+3y^2y'=0$

从中解出隐函数的导数为

$$y'_x=-\frac{x^2}{y^2}\quad(y^2\neq 0).$$

例 2　求由方程 $\mathrm{e}^y-xy-\sin x=1$ 所确定的隐函数 $y=f(x)$ 的导数 y'，并求 $y'(0)$.

解　方程两边同时对 x 求导，得

$$(\mathrm{e}^y)'-(xy)'-(\sin x)'=(1)'$$

即　$\mathrm{e}^y y'-y-xy'-\cos x=0$

从中解出隐函数的导数为

$$y'=\frac{y+\cos x}{\mathrm{e}^y-x}$$

又 $x=0$ 时，$y=0$，所以 $y'(0)=1$

注意　(1)方程两端同时对 x 求导，有时要把 y 当作 x 的复合函数的中间变量

来看待,用复合函数的求导法则. 例如,$(\cos y)' = -\sin y \cdot y'$.

(2)从求导后的方程中解出 y'.

(3)隐函数导数中,允许用 x、y 两个变量来表示,若求导数值,不但要把 x 值代进去,还要把对应的 y 值代进去.

例3 求由方程 $y = \cos(x+y) + y^4$ 所确定的隐函数 $y = f(x)$ 的导数.

解 方程两边同时对 x 求导,得

$$y' = \cos'(x+y) + (y^4)'$$

$$y' = -\sin(x+y)(x+y)' + 4y^3 y'$$

$$y' = -\sin(x+y)(1+y') + 4y^3 y'$$

$$y' = \frac{-\sin(x+y)}{1+\sin(x+y) - 4y^3}.$$

二、对 数 求 导 法

对于幂指函数 $y = u(x)^{v(x)}$ 是没有求导公式的,对于这类函数,可以先在函数两边取自然对数化幂指函数为隐函数,然后在等式两边同时对自变量 x 求导,最后解出所求导数 y'. 我们把这种求导法称为对数求导法.

同时,遇到由几个因子通过连乘、连除、开方或乘方所构成的比较复杂的函数时,虽然可以用运算法则来求导数或微分,但往往比较麻烦,我们也可以通过对数求导法来求.

例4 求函数 $y = x^{\sin x} (x > 0)$ 的导数.

解 解法一 利用对数求导法求导

方程两端同时取对数,得

$$\ln y = \sin x \cdot \ln x$$

上式两边同时对 x 求导,得

$$\frac{1}{y} y' = \cos x \cdot \ln x + \sin x \cdot \frac{1}{x}$$

于是 $$y' = y(\cos x \cdot \ln x + \frac{\sin x}{x})$$

$$= x^{\sin x}(\cos x \cdot \ln x + \frac{\sin x}{x}).$$

解法二 将幂指函数变成复合函数,再求导

原函数式可等价转换为 $y = e^{\sin x \ln x}$

由复合函数求导法可得

$$y' = (e^{\sin x \ln x})' = e^{\sin x \ln x}(\sin x \cdot \ln x)'$$

$$= e^{\sin x \ln x}(\cos x \cdot \ln x + \frac{1}{x}\sin x)$$

$$= x^{\sin x}(\cos x \cdot \ln x + \frac{1}{x}\sin x).$$

例 5 求函数 $y = \sqrt{\dfrac{(x-1)(x-2)}{(x-3)(x-4)}}$ 的导数 $(x>4)$.

解 方程两端同时取对数,得

$$\ln y = \frac{1}{2}[\ln(x-1)+\ln(x-2)-\ln(x-3)-\ln(x-4)]$$

再两边对 x 求导,得

$$\frac{1}{y} \cdot y' = \frac{1}{2}(\frac{1}{x-1}+\frac{1}{x-2}-\frac{1}{x-3}-\frac{1}{x-4})$$

于是得

$$y' = \frac{1}{2}\sqrt{\frac{(x-1)(x-2)}{(x-3)(x-4)}} \cdot (\frac{1}{x-1}+\frac{1}{x-2}-\frac{1}{x-3}-\frac{1}{x-4}).$$

三、由参数方程所确定的函数的导数

设由参数方程 $\begin{cases} x=\varphi(t) \\ y=f(t) \end{cases}$ 确定 y 与 x 之间的函数关系,若函数 $x=\varphi(t)$, $y=f(t)$ 都可导,且 $\varphi'(t)\neq 0$, $x=\varphi(t)$ 具有单调连续的反函数 $t=\varphi^{-1}(x)$,则函数 $y=f(x)$ 可看作 $y=f(t)$, $t=\varphi^{-1}(x)$ 的复合函数. 由复合函数和反函数的求导法则,就有

$$\frac{dy}{dx}=\frac{dy}{dt} \cdot \frac{dt}{dx}=f'(t) \cdot \frac{1}{\dfrac{dx}{dt}}=\frac{f'(t)}{\varphi'(t)}=\frac{y'_t}{x'_t}$$

这就是由参数方程所确定的函数的导数公式.

例 6 设 $\begin{cases} x=\ln(1+t^2) \\ y=t-\arctan t \end{cases}$, 求 $\dfrac{dy}{dx}$.

解 $\dfrac{dy}{dx}=\dfrac{y'_t}{x'_t}=\dfrac{(t-\arctan t)'}{[\ln(1+t^2)]'}=\dfrac{1-\dfrac{1}{1+t^2}}{\dfrac{2t}{1+t^2}}=\dfrac{t}{2}.$

例 7 已知曲线的参数方程为 $\begin{cases} x=\sin t \\ y=\cos 2t \end{cases}$, 求曲线在 $t=\dfrac{\pi}{4}$ 处的切线方程.

解 用 $t=\dfrac{\pi}{4}$ 代入原参数方程,得曲线上的相应点为 $(\dfrac{\sqrt{2}}{2},0)$.

因为 $\dfrac{\mathrm{d}y}{\mathrm{d}x}=\dfrac{y'_t}{x'_t}=-\dfrac{2\sin2t}{\cos t}=-4\sin t$，所以所求曲线的斜率为

$$k=\dfrac{\mathrm{d}y}{\mathrm{d}x}\bigg|_{t=\frac{\pi}{4}}=-4\sin\dfrac{\pi}{4}=-2\sqrt{2}$$

故切线方程为

$$y-0=-2\sqrt{2}\left(x-\dfrac{\sqrt{2}}{2}\right)$$

即

$$2\sqrt{2}x+y-2=0.$$

习题 3-3

1. 求由下列方程所确定的隐函数 y 的导数：

(1) $xy-\mathrm{e}^x+\mathrm{e}^y=0$；   (2) $y\sin x-\cos(x-y)=0$；

(3) $x=y+\arctan y$；   (4) $\mathrm{e}^{xy}+y\ln x=\cos2x$.

2. 求由方程 $y^5+2y-x^2-3x=0$ 所确定的隐函数 y 在 $x=0$ 处的导数 $y'|_{x=0}$.

3. 求曲线 $2y^2=x^2(x+1)$，在点 $(1,1)$ 处的切线方程.

4. 求下列函数的导数：

(1) $y=(x+1)^{\sin x}$；   (2) $y=\left(\cos\dfrac{1}{2x}\right)^{2x}$；

(3) $y=x^x\ (x>0)$；   (4) $y=\dfrac{\sqrt{x+1}(2-x)^2}{(2x-1)^3}$.

5. 求下列参数方程所确定的函数 y 的导数：

(1) $\begin{cases}x=3\mathrm{e}^{-t}\\y=2\mathrm{e}^t\end{cases}$；   (2) $\begin{cases}x=\mathrm{e}^t\sin t\\y=\mathrm{e}^t\cos t\end{cases}$；

(3) $\begin{cases}x=1-t^2\\y=t-t^3\end{cases}$；   (4) $\begin{cases}x=\theta(1-\sin\theta)\\y=\theta\cos\theta\end{cases}$.

§3-4 高阶导数

一、高阶导数的定义

定义 4 如果函数 $y=f(x)$ 的导数仍是 x 的可导函数，那么 $y'=f'(x)$ 的导数就叫做函数 $y=f(x)$ 的二阶导数，记作

$$f''(x),y'',\dfrac{\mathrm{d}^2y}{\mathrm{d}x^2}\text{或}\dfrac{\mathrm{d}^2f(x)}{\mathrm{d}x^2}$$

即

$$y'' = (y')' \text{ 或 } \frac{d^2 y}{dx^2} = \frac{d}{dx}\left(\frac{dy}{dx}\right).$$

相应地,把 $y = f(x)$ 的导数 $y' = f'(x)$ 称为函数 $y = f(x)$ 的一阶导数.

类似地,二阶导数的导数叫三阶导数,三阶导数的导数叫四阶导数,$\cdots$,一般地,$n-1$ 阶导数的导数叫做 n 阶导数,分别记作 y''',$y^{(4)}$,$\cdots$,$y^{(n)}$ 或 $\frac{d^3 y}{dx^3}$,$\frac{d^4 y}{dx^4}$,$\cdots$,$\frac{d^n y}{dx^n}$.

二阶以及二阶以上的导数统称为高阶导数.

由上述可知,求函数的高阶导数,只要逐阶求导,直到所要求的阶数即可,所以仍用前面的求导方法来计算高阶导数.

二、高阶导数的计算

例 1 求函数 $y = e^{-2x}$ 的二阶导数 y'' 和 y'''.

解 $y' = (e^{-2x})' = e^{-2x}(-2x)' = -2e^{-2x}$

$y'' = (-2e^{-2x})' = -2e^{-2x}(-2x)' = 4e^{-2x}$

$y''' = (4e^{-2x})' = 4e^{-2x}(-2x)' = -8e^{-2x}.$

例 2 求函数 $y = e^t \sin t$ 的二阶导数 y''.

解 $y' = (e^t \sin t)' = e^t \sin t + e^t \cos t = e^t(\sin t + \cos t)$

$y'' = [e^t(\sin t + \cos t)]'$

$\quad = e^t(\sin t + \cos t) + e^t(\cos t - \sin t)$

$\quad = 2e^t \cos t.$

下面介绍几个初等函数的 n 阶导数.

例 3 $y = x^\alpha (\alpha \in \mathbf{R})$,求 $y^{(n)}$.

解 $y' = \alpha x^{\alpha-1}$,$y'' = \alpha \cdot (\alpha-1) \cdot x^{\alpha-2}$

$y''' = \alpha \cdot (\alpha-1) \cdot (\alpha-2) \cdot x^{\alpha-3}$

$y^{(4)} = \alpha \cdot (\alpha-1) \cdot (\alpha-2) \cdot (\alpha-3) \cdot x^{\alpha-4}$

一般地,可得

$$y^{(n)} = \alpha \cdot (\alpha-1) \cdot (\alpha-2) \cdot (\alpha-3) \cdots (\alpha-n+1) \cdot x^{\alpha-n}.$$

例 4 $y = \sin x$,求 $y^{(n)}$.

解 $y' = \cos x = \sin\left(x + \frac{\pi}{2}\right)$

$y'' = -\sin x = \sin\left(x + 2 \cdot \frac{\pi}{2}\right)$

$$y''' = -\cos x = \sin(x + 3 \cdot \frac{\pi}{2})$$

$$y^{(4)} = \sin x = \sin(x + 4 \cdot \frac{\pi}{2})$$

一般地,我们有

$$y^{(n)} = \sin(x + n \cdot \frac{\pi}{2}).$$

类似地,可以求得

$$(\cos x)^{(n)} = \cos(x + n \cdot \frac{\pi}{2}).$$

例 5　$y = a^x$,求 $y^{(n)}$.

解　$y' = a^x \ln a$, $y'' = a^x \ln^2 a$, $y''' = a^x \ln^3 a$

一般地,我们有

$$y^{(n)} = a^x \ln^n a.$$

特殊地 ,令 $a = e$ 时,我们有 $(e^x)^{(n)} = e^x$.

三、二阶导数的物理意义

下面我们来研究二阶导数的物理意义

我们知道,作变速直线运动的物体的速度 $v(t)$ 是路程 $s(t)$ 对时间 t 的导数,即
$$v(t) = s'(t).$$

而加速度 a 又是速度 v 对时间 t 的变化率,即速度 v 对时间 t 的导数,所以加速度是路程 $s(t)$ 对时间 t 的二阶导数:
$$a = v'(t) = s''(t).$$

例 6　已知物体作变速直线运动,其运动方程为
$$s = A\cos(\omega t + \varphi)(A、\omega、\varphi \text{ 是常数}),$$

求物体运动的速度和加速度.

解　因为 $s = A\cos(\omega t + \varphi)$,所以
$$v = s' = -A\omega\sin(\omega t + \varphi)$$
$$a = s'' = -A\omega^2\cos(\omega t + \varphi).$$

习题 3-4

1. 求下列函数的二阶导数:

(1) $y = 2x^2 + \ln x$;

(2) $y = e^{2x-1}$;

(3) $y=\sqrt{x^2-1}$;　　　　　　(4) $y=\arctan 2x$.

2. 求下列函数的 n 阶导数：

(1) $y=\ln(x+1)$;　　　　　　(2) $y=xe^x$;

(3) $y=\sin^2 x$.

§3-5　函数的微分

一、微分的定义

引例　一块正方形金属薄片受温度变化的影响，其边长由 x_0 变到 $x_0+\Delta x$（如图 3-5 所示），问此薄片的面积改变了多少？

图 3-5

解　设正方形边长为 x 时，面积为 A，则 $A=x^2$ 当正方形边长由 x_0 变到 $x_0+\Delta x$ 时，面积的改变量

$$\Delta A = A(x_0+\Delta x)-A(x_0) = (x_0+\Delta x)^2-x_0^2$$
$$= 2x_0\Delta x + (\Delta x)^2$$

上式中 ΔA 包含两部分：第一部分 $2x_0\Delta x$ 是 Δx 的线性函数，即图中带有斜线的两个矩形面积之和；第二部分 $(\Delta x)^2$ 当 $\Delta x \to 0$ 时是比 Δx 高阶的无穷小，即 $(\Delta x)^2=o(\Delta x)$，它在图中是带有交叉斜线的小正方形的面积.

当 Δx 很小时，面积的改变量可近似地用第一部分来代替，而省略第二部分 $(\Delta x)^2$.

根据上面的讨论，ΔA 可以表示为

$$\Delta A=2x_0\Delta x+o(\Delta x),$$

其中的第一部分 $2x_0\Delta x$ 叫做函数 $A=x^2$ 在点 x_0 的微分.

一般地，有

定义 5　设函数 $y=f(x)$ 在点 x 的某一邻域内有定义. 如果函数的增量 $\Delta y=f(x+\Delta x)-f(x)$ 可以表示为

$$\Delta y=A\Delta x+o(\Delta x),$$

其中 A 不依赖 Δx，而 $o(\Delta x)$ 是比 Δx 高阶的无穷小，则称函数 $y=f(x)$ 在点 x 可微，且称 $A\Delta x$ 为函数 $y=f(x)$ 在点 x 相应于自变量增量 Δx 的微分，记作 dy，即

$$dy=A\Delta x.$$

下面讨论函数可微的条件

定理 5 函数 $y=f(x)$ 在点 x 可微的充分必要条件是它在点 x 可导.

证 先证必要性. 设 $y=f(x)$ 在点 x 可微, 那么按定义有

$$\Delta y=A\Delta x+o(\Delta x),$$

在等式两边除以 Δx, 得

$$\frac{\Delta y}{\Delta x}=A+\frac{o(\Delta x)}{\Delta x},$$

因此, 极限

$$\lim_{\Delta x\to 0}\frac{\Delta y}{\Delta x}=\lim_{\Delta x\to 0}A+\lim_{\Delta x\to 0}\frac{o(\Delta x)}{\Delta x}=A+0=A$$

存在, 即 $y=f(x)$ 在点 x 可导, 且 $A=f'(x)$.

再证充分性. 设 $y=f(x)$ 在点 x 可导, 即极限

$$\lim_{\Delta x\to 0}\frac{\Delta y}{\Delta x}=f'(x)$$

存在, 由函数极限与无穷小的关系定理可得

$$\frac{\Delta y}{\Delta x}=f'(x)+\alpha$$

其中 α 是 $\Delta x\to 0$ 时的无穷小. 因此

$$\Delta y=f'(x)\Delta x+\alpha\Delta x.$$

显然 $\alpha\cdot\Delta x=o(\Delta x)$ (当 $\Delta x\to 0$ 时), 且 $f'(x)$ 不依赖 Δx, 故 $f(x)$ 在点 x 可微. 定理证毕.

由定理的必要性证明可见, 当 $f(x)$ 在点 x 可微时, 其微分可表示为

$$dy=f'(x)\Delta x.$$

例 1 求函数 $y=x$ 的微分.

解 因为 $y'=1$, 所以 $dy=dx=y'\Delta x=\Delta x$.

注意到当 $y=x$ 时, $dx=\Delta x$, 这表明自变量的微分等于自变量的改变量, 所以函数的微分又可记为

$$dy=f'(x)dx.$$

这说明函数的微分是函数的导数与自变量微分的乘积.

由 $dy=y'dx$, 可得 $\dfrac{dy}{dx}=y'$, 所以导数又称为微商.

二、基本初等函数的微分公式与微分运算法则

根据函数微分的表达式

$$dy=f'(x)dx$$

函数的微分等于函数的导数乘以自变量的微分 (改变量). 由此可以得到基本

初等函数的微分公式和微分运算法则.

1. 基本初等函数的微分公式

$d(C)=0$　　(C 为常数)	$d(x^a)=\alpha x^{a-1}dx$;
$d(a^x)=a^x\ln adx$	$d(e^x)=e^xdx$
$d(\log_a x)=\dfrac{dx}{x\ln a}$	$d(\ln x)=\dfrac{dx}{x}$
$d(\sin x)=\cos xdx$	$d(\cos x)=-\sin xdx$
$d(\tan x)=\sec^2 xdx$	$d(\cot x)=-\csc^2 xdx$
$d(\sec x)=\sec x\cdot\tan xdx$	$d(\csc x)=-\csc x\cdot\cot xdx$
$d(\arcsin x)=\dfrac{dx}{\sqrt{1-x^2}}$	$d(\arccos x)=-\dfrac{dx}{\sqrt{1-x^2}}$
$d(\arctan x)=\dfrac{dx}{1+x^2}$	$d(\text{arccot} x)=-\dfrac{dx}{1+x^2}$

2. 函数的和、差、积、商的微分法则

(1) $d(u\pm v)=du\pm dv$;　　　　(2) $d(C\cdot u)=C\cdot du$　(C 为常数);

(3) $d(uv)=udv+vdu$;　　　　(4) $d(\dfrac{u}{v})=\dfrac{vdu-udv}{v^2}$.

3. 复合函数的微分法则

我们知道,如果函数 $y=f(u)$ 对 u 是可导的,则

(1)当 u 是自变量时,此时函数的微分为

$$dy=f'(u)du.$$

(2)当 u 不是自变量,而是 $u=\varphi(x)$,为 x 的可导函数时,则 y 为 x 的复合函数.根据复合函数求导公式,y 对 x 的导数为

$$\frac{dy}{dx}=f'(u)\varphi'(x)$$

于是

$$dy=f'(u)\varphi'(x)dx$$

但是　$\varphi'(x)dx$ 就是函数 $u=\varphi(x)$ 的微分,即 $du=\varphi'(x)dx$
所以

$$dy=f'(u)du.$$

由此可见,对函数 $y=f(u)$ 来说,不论 u 是自变量还是自变量的可导函数,它的微分形式同样都是 $dy=f'(u)du$,这就叫作微分形式的不变性.

例 2　求 $y=\cos(3x+5)$ 的微分.

解　解法一　$dy=[\cos(3x+5)]'dx$

$$=-\sin(3x+5)(3x+5)'dx$$

$$= -3\sin(3x+5)\mathrm{d}x.$$

解法二　$\mathrm{d}y = \mathrm{d}\cos(3x+5)$

$$= -\sin(3x+5)\mathrm{d}(3x+5)$$

$$= -3\sin(3x+5)\mathrm{d}x.$$

例 3　求 $y=\ln(1+\mathrm{e}^{2x})$ 的微分.

解　$\mathrm{d}y = \mathrm{d}\ln(1+\mathrm{e}^{2x}) = \dfrac{1}{1+\mathrm{e}^{2x}}\mathrm{d}(1+\mathrm{e}^{2x}) = \dfrac{2\mathrm{e}^{2x}}{1+\mathrm{e}^{2x}}\mathrm{d}x.$

例 4　在下列等式左边的括号中填入适当的函数,使等式成立

(1) $\mathrm{d}(\quad) = x^2\mathrm{d}x$;　　　　(2) $\mathrm{d}(\quad) = \cos 5t\mathrm{d}t$.

解　(1) 由于　$\mathrm{d}(x^3) = 3x^2\mathrm{d}x$

所以　$x^2\mathrm{d}x = \dfrac{1}{3}\mathrm{d}(x^3) = \mathrm{d}\left(\dfrac{x^3}{3}\right)$

于是　$\mathrm{d}\left(\dfrac{x^3}{3}+C\right) = x^2\mathrm{d}x$　（C 为任意常数）.

(2) 由于　$\mathrm{d}(\sin 5t) = 5\cos 5t\mathrm{d}t$,

所以　$\cos 5t\mathrm{d}t = \dfrac{1}{5}\mathrm{d}(\sin 5t) = \mathrm{d}\left(\dfrac{1}{5}\sin 5t\right)$,

于是　$\mathrm{d}\left(\dfrac{1}{5}\sin 5t+C\right) = \cos 5t\mathrm{d}t$　（C 为任意常数）.

三、微分的几何意义

设点 $M(x_0,y_0)$ 和点 $N(x_0+\Delta x,y_0+\Delta y)$ 是曲线 $y=f(x)$ 上的两点,如图 3-6 所示. 从图中可以看出:

$$MQ=\Delta x,\ QN=\Delta y$$

设切线 MT 的倾斜角为 α,则

$$\mathrm{d}y = f'(x_0)\Delta x = \tan\alpha \cdot \Delta x = QP.$$

因此,函数 $y=f(x)$ 在点 x_0 处的微分 $\mathrm{d}y\big|_{x=x_0}$,在几何上表示曲线 $y=f(x)$ 在点 $M(x_0,y_0)$ 处的切线 MT 的纵坐标的增量.

图 3-6

四、微分在近似计算中的应用

从前面的讨论知,知当 $f'(x_0)\neq 0$,且 $|\Delta x|$ 很小时,有

$$\Delta y\approx\mathrm{d}y = f'(x_0)\Delta x \tag{3-1}$$

因为 $\Delta y = f(x_0 + \Delta x) - f(x_0)$，故由(3-1)式得

$$f(x_0 + \Delta x) \approx f(x_0) + f'(x_0)\Delta x. \tag{3-2}$$

特别地，当(3-2)式中 $x_0 = 0, f'(0) \neq 0$，则(2)式变为

$$f(x) \approx f(0) + f'(0)x \quad (|x| \text{很小}). \tag{3-3}$$

由(3-3)式易推出下面几个工程上常用的近似公式：

(1) $\sin x \approx x$（x 用弧度作单位），   (2) $\tan x \approx x$（x 用弧度作单位）；

(3) $e^x \approx 1 + x$；   (4) $\ln(1+x) \approx x$；

(5) $\sqrt[n]{1+x} \approx 1 + \dfrac{1}{n}x$.

例 5   求外直径为 10cm，壳厚为 0.125cm 的球壳体积的近似值.

解   设球体的直径为 x，体积为 V，则 $V = \dfrac{\pi}{6}x^3$，利用公式(1)，有

$$|\Delta V| \approx |dV| = \frac{\pi}{2}x_0^3 |\Delta x|$$

取 $x_0 = 10, \Delta x = -2 \times 0.125 = -0.25$，得

$$|\Delta V| \approx \frac{\pi}{2}x_0^3 |\Delta x| = \frac{1}{2} \times 3.1416 \times 10^2 \times \frac{1}{4} \approx 39.27\text{cm}^3$$

即球壳体积的近似值为 39.27cm^3.

例 6   计算 $\sin 31°$ 的近似值.

解   设 $f(x) = \sin x$，当 $|\Delta x|$ 很小时，利用公式(2)，得

$$\sin(x_0 + \Delta x) \approx \sin x_0 + \cos x_0 \cdot \Delta x$$

取 $x_0 = \dfrac{\pi}{6}, \Delta x = \dfrac{\pi}{180}$，有

$$\sin 31° \approx \sin\left(\frac{\pi}{6} + \frac{\pi}{180}\right) \approx \sin\frac{\pi}{6} + \cos\frac{\pi}{6} \cdot \frac{\pi}{180}$$

$$= \frac{1}{2} + \frac{\sqrt{3}}{2} \cdot \frac{\pi}{180} \approx 0.5151.$$

例 7   计算 $\sqrt[6]{65}$ 的近似值.

解   由(3)式，有

$$\sqrt[6]{65} = \sqrt[6]{64+1} = 2\sqrt[6]{1 + \frac{1}{64}} \approx 2\left(1 + \frac{1}{6} \cdot \frac{1}{64}\right) = 2\frac{1}{192}.$$

习题 3-5

1. 求下列函数的微分：

$(1)y=[\ln(1-x)]^{2}$;　　　　　　$(2)y=2^{\ln(\tan x)}$;

$(3)y=\tan^{2}(1+x^{2})$;　　　　　　$(4)y=\dfrac{\cos x}{1-x^{2}}$.

2. 将适当的函数填入下列括号内,使等式成立:

$(1)\mathrm{d}(\quad\quad)=-5\mathrm{d}x$;　　　　　　$(2)\mathrm{d}(\quad\quad)=3x\mathrm{d}x$;

$(3)\mathrm{d}(\quad\quad)=\mathrm{e}^{-2x}\mathrm{d}x$;　　　　　　$(4)\mathrm{d}(\quad\quad)=\dfrac{1}{x-2}\mathrm{d}x$;

$(5)\ \mathrm{d}(\quad\quad)=\dfrac{2}{\sqrt{1-4x^{2}}}\mathrm{d}x$;　　　　$(6)\mathrm{d}(\quad\quad)=\sec^{2}2x\mathrm{d}(2x)$;

$(7)\mathrm{d}(\arctan 5x)=(\quad\quad)\mathrm{d}(5x)$;　　$(8)\mathrm{d}[5^{x^{3}}]=(\quad\quad)\mathrm{d}(x^{3})=(\quad\quad)\mathrm{d}x$.

3. 利用微分求下列各数的近似值:

$(1)\sin 59°30'$;　　　　　　$(2)\arctan 1.05$;

$(3)\sqrt{0.97}$;　　　　　　$(4)\ln 0.98$.

本章小结

一、基本概念

1. 导数:函数的增量与自变量的增量之比在自变量趋于零时的极限

$$f'(x_{0})=\lim_{\Delta x\to 0}\frac{\Delta y}{\Delta x}=\lim_{\Delta x\to 0}\frac{f(x_{0}+\Delta x)-f(x_{0})}{\Delta x}.$$

2. 导数的几何意义:表示曲线 $y=f(x)$ 在点 $M(x_{0},y_{0})$ 处的切线的斜率.

3. 可导与连续的关系:可导必连续,但连续不一定可导.

4. 微分: $\mathrm{d}y=f'(x)\mathrm{d}x$.

5. 可导与可微的关系:可导 $\Leftrightarrow$ 可微.

二、基本公式、法则和方法

1. 导数的 16 个基本公式:见表 3—1

2. 四则运算法则

$(1)(u\pm v)'=u'\pm v'$;　　　　　　$(2)(Cu)'=C\cdot u'(C$ 是常数$)$;

$(3)(uv)'=u'v+uv'$;　　　　　　$(4)\left(\dfrac{u}{v}\right)'=\dfrac{u'v-uv'}{v^{2}}(v\neq 0)$.

3. 复合函数求导法

$$\frac{\mathrm{d}y}{\mathrm{d}x}=\frac{\mathrm{d}y}{\mathrm{d}u}\cdot\frac{\mathrm{d}u}{\mathrm{d}x}\ \text{或}\ y'_{x}=y'_{u}\cdot u'_{x}$$

逐层求导再相乘,最后记住复原.

4. 隐函数求导法

(1)方程 $F(x,y)=0$ 两边对 x 求导;(2)解出 y'_x.

5. 对数求导法

(1)两边同取自然对数;(2)方程 $F(x,y)=0$ 两边对 x 求导;(3)解出 y'_x.

6. 利用微分求近似值

$$f(x_0+\Delta x)\approx f(x_0)+f'(x_0)\Delta x;f(x)\approx f(0)+f'(0)x \quad (|x|很小).$$

测试题三

一、填空题

1. $\mathrm{d}(\qquad)=\dfrac{1}{\sqrt{x}}\mathrm{d}x$; $\mathrm{d}(\qquad)=\mathrm{e}^{3x+1}\mathrm{d}x$.

2. 设 $f(x)=\mathrm{e}^{\cos x-2}$,则 $[f(2)]'=$ _____.

3. 若 $f(x)=x\mathrm{e}^{-x}$,则 $f''(0)=$ _____.

4. $\mathrm{e}^{0.97}\approx$ _____.

5. 若函数 $y=\pi^2+x^n+\arctan\dfrac{1}{\pi}$,则 $y'(1)=$ _____.

二、选择题

1. 已知 $f'(x)=2^{\sin x}$,则 $\mathrm{d}[f(x)]=($).

   A. $\ln2\cdot2^{\sin x}\cos x$ B. $2^{\sin x}\mathrm{d}x$

   C. $2^{\sin x}\cos x\mathrm{d}x$ D. $\ln2\cdot2^{\sin x}\cos x\mathrm{d}x$

2. 设 $y-x\mathrm{e}^y=\ln2$ 则 $y'=($).

   A. $\dfrac{1}{2}+(1+x)\mathrm{e}^y$ B. $(1+x)\mathrm{e}^y$

   C. $\dfrac{\mathrm{e}^y}{1-x\mathrm{e}^y}$ D. $\dfrac{1-x\mathrm{e}^y}{\mathrm{e}^y}$

3. 曲线 $y=x^3-3x$ 上切线平行于 x 轴的点是( ).

   A. $(0,0)$ B. $(-2,2)$

   C. $(-1,2)$ D. $(1,2)$

4. 已知 $y=\ln x$,则 $y^{(n)}=($).

   A. $(-1)^n n!\ x^n$ B. $(-1)^n(n-1)!\ x^{-2n}$

   C. $(-1)^{n-1}n!\ x^{-n-1}$ D. $(-1)^{n-1}(n-1)!\ x^{-n}$

5. 设 $y=\lg2x$,则( ).

   A. $\dfrac{1}{x\ln10}\mathrm{d}x$ B. $\dfrac{1}{2x}\mathrm{d}x$

   C. $\dfrac{\ln10}{x}\mathrm{d}x$ D. $\dfrac{1}{x}\mathrm{d}x$

三、解答题

1. 选择正确的求导方法求下列函数的导数:

(1) $y = x\sin x\ln x$;

(2) $y = e^{-3x}$;

(3) $y = x^3\ln x + 2\cos x$;

(4) $y = \sqrt{x\sqrt{x\sqrt{x}}}$;

(5) $y = \ln(2-x)$;

(6) $y = 2\sin(2x+7)$;

(7) $y = \cos^3 4x$;

(8) $y = \ln(2x) \cdot \sin(3x)$;

(9) $y = \tan x^2 \cdot \cos 3x$;

(10) $y = \arctan\sqrt{6x-1}$;

(11) $y = \dfrac{(x+1)^2\sqrt{x-3}}{(3x+1)^3}$;

(12) $y = (\sin x)^{\cos x}$ $(\sin x > 0)$.

2. 一物体做自由落体运动,其运动方程为 $s = \dfrac{1}{2}gt^2$,求物体在任意时刻的瞬时速度 $v(t)$.

3. 求曲线 $y = \dfrac{1}{3}x^3$ 上与直线 $x - 4y = 5$ 平行的切线方程.

4. 证明函数 $f(x) = \begin{cases} 2x-1, & x \leqslant 1 \\ \sqrt{x}, & x > 1 \end{cases}$ 在 $x = 1$ 处连续但不可导.

5. 已知 $f(x) = x^3 - 2x^2 + 5x - \sin\dfrac{\pi}{2}$,求 $f'(x)$,$f'(-1)$.

6. 求由下列方程所确定的隐函数 y 的导数:

(1) $y = x + \ln y$;

(2) $\sin(x \cdot y) + \ln(y-x) = x$.

第四章 导数的应用

本章我们将以导数为工具,来研究函数及其图形的各种性态,并应用这些知识解决一些常见的实际问题.首先我们先介绍微分中值定理,它是导数应用的理论基础.

§4-1 微分中值定理

本节介绍的三个定理都是微分学的基本定理.它包括罗尔中值定理、拉格朗日中值定理和柯西中值定理.在学习的过程中,可以借助于几何图形的帮助来理解定理的条件、结论及其思想.其中拉格朗日中值定理尤为重要.

一、罗尔定理

罗尔(Rolle)定理 设函数 $f(x)$ 满足条件:

(1)在闭区间 $[a,b]$ 上连续;

(2)在开区间 (a,b) 内可导;

(3) $f(a)=f(b)$,

则在开区间 (a,b) 内至少存在一点 ξ,使得

$$f'(\xi)=0(a<\xi<b).$$

证明从略.

罗尔定理的几何意义是:如果连续曲线 $y=f(x)$ 除端点外处处具有不垂直于 x 轴的切线,且两端点的纵坐标相等,如图 4—1 所示,那么我们不难发现,在该曲线上至少有一点 C,使得曲线在该点 C 的切线平行于 x 轴.设点 C 的横坐标为 ξ,则有

图 4—1

$$f'(\xi)=0(a<\xi<b). \tag{4-1}$$

必须指出,罗尔定理的条件有三个,如果缺少其中任何一个条件,定理将不成立.

例1 验证函数 $f(x)=x^3-3x$ 在 $[-\sqrt{3},\sqrt{3}]$ 上满足罗尔定理的条件,并求出使 $f'(\xi)=0$ 的 ξ 值.

解 因为 $f(x)=x^3-3x$ 是初等函数,且在 $[-\sqrt{3},\sqrt{3}]$ 上有定义,所以在该区间上连续.又 $f'(x)=3x^2-3$ 在 $(-\sqrt{3},\sqrt{3})$ 内存在,且 $f(-\sqrt{3})=f(\sqrt{3})$,所以函数 $f(x)=x^3-3x$ 在 $[-\sqrt{3},\sqrt{3}]$ 上满足 Rolle 定理的条件.

令 $f'(x)=0$,即

$$3x^2-3=0$$

解得 $x=\pm1$,即 $f'(-1)=0,f'(1)=0$.所以在 $(-\sqrt{3},\sqrt{3})$ 内,使得 $f'(\xi)=0$ 的 ξ 有两个: $\xi_1=-1,\xi_2=1$.

二、拉格朗日中值定理

在罗尔定理中,如果函数 $f(x)$ 满足条件 (1)、(2),而不满足条件(3),即 $f(a)\neq f(b)$,那么由图 4-2 容易看出,在曲线 $y=f(x)$ 上(只要把弦 AB 平行移动)至少可以找到一点 $C(\xi,f(\xi))$,使得曲线在该点 C 的切线平行于弦 AB,因此,切线的斜率 $f'(\xi)$ 与弦 AB 的斜率相等,即

$$k_{AB}=f'(\xi)$$

由 $A(a,f(a)),B(b,f(b))$ 及斜率公式,得

$$k_{AB}=\frac{f(b)-f(a)}{b-a}.$$

图 4-2

于是,得

$$f'(\xi)=\frac{f(b)-f(a)}{b-a} \quad (a<\xi<b).$$

由此可得下面的定理:

拉格朗日(Lagrange)中值定理 如果函数 $f(x)$ 满足条件:

(1)在闭区间 $[a,b]$ 上连续;

(2)在开区间 (a,b) 内可导,

则在开区间 (a,b) 内至少存在一点 ξ,使得

$$f'(\xi)=\frac{f(b)-f(a)}{b-a} \quad (a<\xi<b). \tag{4-2}$$

或

$$f(b)-f(a)=f'(\xi)(b-a).$$

证 从图 4-2 可以看出弦 AB 的方程为

$$y = f(a) + \frac{f(b) - f(a)}{b - a}(x - a)$$

在同一横坐标 x 处,我们用弧 $\overset{\frown}{AB}$ 的纵坐标减去弦 AB 的纵坐标,得到辅助函数

$$\varphi(x) = f(x) - f(a) - \frac{f(b) - f(a)}{b - a}(x - a)$$

显然,$\varphi(x)$ 在 $[a,b]$ 上连续,在 (a,b) 内可导,即

$$\varphi'(x) = f'(x) - \frac{f(b) - f(a)}{b - a}$$

又 $\varphi(a) = \varphi(b) = 0$,故由罗尔定理知,在 (a,b) 内至少存在一点 ξ,使得

$$\varphi'(\xi) = f'(\xi) - \frac{f(b) - f(a)}{b - a} = 0$$

所以

$$f'(\xi) = \frac{f(b) - f(a)}{b - a}$$

即

$$f(b) - f(a) = f'(\xi)(b - a).$$

这就证明了拉格朗日中值定理.

容易看出,罗尔定理是拉格朗日定理的特殊情况,而拉格朗日定理是罗尔定理的推广.

例 2 验证函数 $f(x) = x^3 + 2x$ 在区间 $[0,1]$ 上满足 Lagrange 中值定理的条件,并求 ξ 的值.

解 因为初等函数 $f(x) = x^3 + 2x$ 在区间 $[0,1]$ 上有定义,所以在区间 $[0,1]$ 上连续;又 $f'(x) = 3x^2 + 2$ 在开区间 $(0,1)$ 内存在,所以函数 $f(x) = x^3 + 2x$ 在区间 $[0,1]$ 上满足拉格朗日中值定理的条件.

由

$$\frac{f(1) - f(0)}{1 - 0} = f'(\xi)$$

得

$$\frac{3 - 0}{1} = 3\xi^2 + 2$$

解得

$$\xi = \pm \frac{\sqrt{3}}{3}.$$

因为 $\xi = -\frac{\sqrt{3}}{3} \notin (0,1)$,所以舍去. 因此 $\xi = \frac{\sqrt{3}}{3} \in (0,1)$ 为所求.

作为拉格朗日中值定理的一个应用,推导出微积分学中两个重要的推论:

推论 1 如果在区间 (a,b) 内 $f'(x)=0$,则在 (a,b) 内 $f(x)=C$(C 为常数).

证 设 x_1、$x_2 \in (a,b)$ 内任意两点,且 $x_1 < x_2$,则由公式(4-2)得

$$f(x_2)-f(x_1)=f'(\xi)(x_2-x_1),\xi \in (x_1,x_2)$$

由推论的假设知 $f'(\xi)=0$,所以 $f(x_2)-f(x_1)=0$,即

$$f(x_1)=f(x_2).$$

因为 x_1、x_2 是 (a,b) 内任意两点,所以上面的等式表明:$f(x)$ 在区间 (a,b) 内函数值总是相等的. 这就是说,$f(x)$ 在区间 (a,b) 内是一常数,即证.

推论 2 如果在区间 (a,b) 内 $f'(x)=g'(x)$,则在 (a,b) 内

$$f(x)-g(x)=C \quad (C \text{ 为常数}).$$

三、柯西中值定理

柯西(Cauchy)中值定理 如果函数 $f(x)$ 和 $F(x)$ 满足条件:

(1)在闭区间 $[a,b]$ 上连续;

(2)在开区间 (a,b) 内可导,且对任意 $x \in (a,b)$,$F'(x) \neq 0$,

那么在 (a,b) 内至少存在一点 ξ,使得

$$\frac{f(b)-f(a)}{F(b)-F(a)}=\frac{f'(\xi)}{F'(\xi)}. \tag{4-3}$$

证明从略.

在柯西定理中,如果取 $F(x)=x$,那么

$$F(b)-F(a)=b-a, \quad F'(x)=1$$

于是公式(4-3)变成

$$\frac{f(b)-f(a)}{b-a}=f'(\xi).$$

这就是拉格朗日中值定理,可见柯西中值定理是拉格朗日中值定理的推广.

习题 4-1

1.下列函数在给定区间上是否满足罗尔定理的条件?若满足时,求出定理结论中的 ξ 值:

(1)$f(x)=\dfrac{1}{1+x^2}$,$[-2,2]$; (2)$f(x)=x\sqrt{4-x}$,$[0,4]$;

(3)$f(x)=\ln\sin x$,$\left[\dfrac{\pi}{6},\dfrac{5\pi}{6}\right]$; (4)$f(x)=\sqrt{x}$,$[0,2]$.

2.下列函数在给定区间上是否满足拉格朗日中值定理的条件?若满足时,求出定理结论中的 ξ 值:

(1) $f(x)=\ln x,[1,2]$;　　　　　　(2) $f(x)=4x^3-5x^2+x-2,[0,1]$.

3. 证明 $\arcsin x+\arccos x=\dfrac{\pi}{2},x\in[-1,1]$.

§4-2　洛必达法则

如果两个函数 $f(x)$、$F(x)$ 当 $x\to x_0$（或 $x\to\infty$）时，都趋于零或无穷大，那么极限 $\lim\limits_{\substack{x\to x_0\\(x\to\infty)}}\dfrac{f(x)}{F(x)}$ 可能存在，也可能不存在，而且不能用商的极限法则进行计算，我们把这类极限称为 $\dfrac{0}{0}$ 型或 $\dfrac{\infty}{\infty}$ 型未定式. 对于这类极限我们将根据柯西中值定理推导出一个简便且重要的方法，即所谓洛必达（L'Hospital）法则.

一、$\dfrac{0}{0}$ 型未定式

定理 1　如果函数 $f(x)$ 与 $F(x)$ 满足条件：

(1) $\lim\limits_{x\to x_0}f(x)=\lim\limits_{x\to x_0}F(x)=0$；

(2) 在点 x_0 的某个邻域内（点 x_0 可以除外）可导，且 $F'(x)\neq0$；

(3) $\lim\limits_{x\to x_0}\dfrac{f'(x)}{F'(x)}$ 存在（或无穷大），

那么有 $\lim\limits_{x\to x_0}\dfrac{f(x)}{F(x)}=\lim\limits_{x\to x_0}\dfrac{f'(x)}{F'(x)}$ 存在（或无穷大）.

证　因为 $\lim\limits_{x\to x_0}\dfrac{f(x)}{F(x)}$ 是否存在与 $f(x)$、$F(x)$ 在点 x_0 有无定义无关，所以为了适用柯西中值定理，我们可以假定

$$f(x_0)=F(x_0)=0,$$

这样根据条件(1)、(2)可知，$f(x)$、$F(x)$ 在点 x_0 某一邻域内都是连续的.

设 x 为该邻域内的一点，在以 x 及 x_0 为端点的区间上对函数 $f(x)$、$F(x)$ 用柯西中值定理，得到

$$\frac{f(x)}{F(x)}=\frac{f(x)-f(x_0)}{F(x)-F(x_0)}=\frac{f'(\xi)}{F'(\xi)},(\xi\text{ 在 }x\text{ 和 }x_0\text{ 之间})$$

在上式两端，令 $x\to x_0$ 求极限并注意到 $x\to x_0$ 时 $\xi\to x_0$，并根据条件(3)有

$$\lim_{x\to x_0}\frac{f(x)}{F(x)}=\lim_{x\to x_0}\frac{f'(\xi)}{F'(\xi)}=\lim_{\xi\to x_0}\frac{f'(\xi)}{F'(\xi)}=\lim_{x\to x_0}\frac{f'(x)}{F'(x)}.$$

例 1　求 $\lim\limits_{x\to 0}\dfrac{e^x-1}{x^3-x}$.

解 此极限为 $\dfrac{0}{0}$ 型未定式, 由洛必达法则, 得

$$\lim_{x\to 0}\frac{\mathrm{e}^x-1}{x^3-x}=\lim_{x\to 0}\frac{\mathrm{e}^x}{3x^2-1}=-1.$$

例 2 求 $\lim\limits_{x\to 1}\dfrac{x^3-3x+2}{x^3-x^2-x+1}$.

解 此极限为 $\dfrac{0}{0}$ 型未定式, 使用两次洛必达法则, 得

$$\lim_{x\to 1}\frac{x^3-3x+2}{x^3-x^2-x+1}=\lim_{x\to 1}\frac{3x^2-3}{3x^2-2x-1}=\lim_{x\to 1}\frac{6x}{6x-2}=\frac{3}{2}.$$

例 3 求 $\lim\limits_{x\to 0}\dfrac{x-\sin x}{x^3}$.

解 $\lim\limits_{x\to 0}\dfrac{x-\sin x}{x^3}=\lim\limits_{x\to 0}\dfrac{1-\cos x}{3x^2}=\lim\limits_{x\to 0}\dfrac{\sin x}{6x}=\dfrac{1}{6}.$

推论 3 如果函数 $f(x)$、$F(x)$ 满足条件:

(1) $\lim\limits_{x\to\infty}f(x)=\lim\limits_{x\to\infty}F(x)=0$;

(2) $f'(x)$ 与 $F'(x)$ 当 $|x|>N$ 时存在, 且 $F'(x)\neq 0$;

(3) $\lim\limits_{x\to\infty}\dfrac{f'(x)}{F'(x)}$ 存在(或无穷大),

那么 $\lim\limits_{x\to\infty}\dfrac{f(x)}{F(x)}=\lim\limits_{x\to\infty}\dfrac{f'(x)}{F'(x)}.$

例 4 求 $\lim\limits_{x\to +\infty}\dfrac{\left(\dfrac{\pi}{2}-\arctan x\right)}{\operatorname{arccot}x}$.

解 此极限为 $\dfrac{0}{0}$ 型未定式, 由洛必达法则, 得

$$\lim_{x\to +\infty}\frac{\left(\dfrac{\pi}{2}-\arctan x\right)}{\operatorname{arccot}x}=\lim_{x\to +\infty}\frac{-\dfrac{1}{1+x^2}}{-\dfrac{1}{1+x^2}}=1.$$

注意 (1) 只要属于 $\dfrac{0}{0}$ 和 $\dfrac{\infty}{\infty}$ 型的极限, 无论自变量 $x\to x_0$, 还是 $x\to\infty$, 只要满足定理中的全部条件, 就可应用洛必达法则.

(2) 当 $x\to x_0$ 或 $x\to\infty$ 时, $\dfrac{f'(x)}{F'(x)}$ 仍为 $\dfrac{0}{0}$ 和 $\dfrac{\infty}{\infty}$ 型未定式, 且满足洛必达法则的条件, 可以有限次的连续使用洛必达法则.

(3) 使用洛必达法则在求极限运算中不一定是最有效的, 如果与其他方法结合使用, 效果更好.

二、$\dfrac{\infty}{\infty}$ 型 未 定 式

例 5 求 $\lim\limits_{x\to+\infty}\dfrac{\ln x}{x^2}$.

解 此极限为 $\dfrac{\infty}{\infty}$ 型未定式,由洛必达法则,得

$$\lim_{x\to+\infty}\frac{\ln x}{x^2}-\lim_{x\to+\infty}\frac{\dfrac{1}{x}}{2x}=\lim_{x\to+\infty}\frac{1}{2x^2}=0$$

例 6 求 $\lim\limits_{x\to0^+}\dfrac{\ln\sin3x}{\ln\sin x}$.

解 此极限为 $\dfrac{\infty}{\infty}$ 型未定式,由洛必达法则,得

$$\lim_{x\to0^+}\frac{\ln\sin3x}{\ln\sin x}=\lim_{x\to0^+}\left(\frac{3\cos3x}{\sin3x}\cdot\frac{\sin x}{\cos x}\right)$$

$$=3\lim_{x\to0^+}\frac{\sin x}{\sin3x}=3\lim_{x\to0^+}\frac{\cos x}{3\cos3x}=1.$$

思考:如何求 $\lim\limits_{x\to+\infty}\dfrac{e^x+e^{-x}}{e^x-e^{-x}}$,是否用洛必达法则?

三、其 他 未 定 式 的 极 限 求 法

除了 $\dfrac{\infty}{\infty}$ 型和 $\dfrac{0}{0}$ 型未定式之外,还有 $0\cdot\infty$、$\infty-\infty$、1^∞、0^0、∞^0 型五种未定式,在条件允许的情况下,一般可以设法将其他类型的未定式极限转化为 $\dfrac{0}{0}$ 型及 $\dfrac{\infty}{\infty}$ 型未定式,然后使用洛必达法则求值.

例 7 求 $\lim\limits_{x\to+\infty}x\left(\dfrac{\pi}{2}-\arctan x\right)$.

解 此极限为 $0\cdot\infty$ 型未定式,可以通过变形转化为 $\dfrac{0}{0}$ 型未定式,由洛必达法则,得

$$\lim_{x\to+\infty}x\left(\frac{\pi}{2}-\arctan x\right)=\lim_{x\to+\infty}\frac{\left(\dfrac{\pi}{2}-\arctan x\right)}{\dfrac{1}{x}}$$

$$=\lim_{x\to+\infty}\frac{-\dfrac{1}{1+x^2}}{-\dfrac{1}{x^2}}=\lim_{x\to+\infty}\frac{x^2}{1+x^2}=1.$$

例8 求$\lim\limits_{x \to 0}(\dfrac{1}{x} - \dfrac{1}{e^x - 1})$.

解 此极限为$\infty - \infty$型未定式,通过"通分"转化为$\dfrac{0}{0}$型未定式,由洛必达法则,得

$$\lim_{x \to 0}(\frac{1}{x} - \frac{1}{e^x - 1}) = \lim_{x \to 0}\frac{e^x - 1 - x}{x(e^x - 1)}$$

$$= \lim_{x \to 0}\frac{e^x - 1}{e^x - 1 + xe^x} = \lim_{x \to 0}\frac{e^x}{e^x + e^x + xe^x} = \frac{1}{2}.$$

例9 求$\lim\limits_{x \to 0^+} x^x$（$0^0$ 型）.

解 设$y = x^x$,两边取对数得

$$\ln y = x\ln x$$

因为

$$\lim_{x \to 0^+}\ln y = \lim_{x \to 0^+} x\ln x \quad (0 \cdot \infty \text{型})$$

$$= \lim_{x \to 0^+}\frac{\ln x}{\dfrac{1}{x}} \quad (\frac{\infty}{\infty}\text{型})$$

$$= \lim_{x \to 0^+}(-x) = 0$$

所以

$$\lim_{x \to 0^+} x^x = \lim_{x \to 0^+} y = \lim_{x \to 0^+} e^{\ln y} = e^{\lim\limits_{x \to 0^+}\ln y} = e^0 = 1.$$

例10 求$\lim\limits_{x \to 1} x^{\frac{1}{1-x}}$.（$1^\infty$ 型）

解 设$y = x^{\frac{1}{1-x}}$,两边取对数得

$$\ln y = \frac{\ln x}{1-x}$$

因为

$$\lim_{x \to 1}\ln y = \lim_{x \to 1}\frac{\ln x}{1-x}(\frac{0}{0}\text{型})$$

$$= \lim_{x \to 1}\frac{\dfrac{1}{x}}{-1} = -1$$

所以

$$\lim_{x \to 1} x^{\frac{1}{1-x}} = \lim_{x \to 1} y = \lim_{x \to 1} e^{\ln y} = e^{\lim\limits_{x \to 1}\ln y} = e^{-1}$$

即

$$\lim_{x \to 1} x^{\frac{1}{1-x}} = e^{-1}.$$

习题 4-2

求下列极限：

(1) $\lim\limits_{x \to a} \dfrac{\sin x - \sin a}{x - a}$；

(2) $\lim\limits_{x \to 0^+} \dfrac{\ln(1+x) - x}{\cos x - 1}$；

(3) $\lim\limits_{x \to 0} \dfrac{\tan x - \sin x}{x^3}$；

(4) $\lim\limits_{x \to 0^+} \dfrac{\ln\tan 7x}{\ln\tan 2x}$；

(5) $\lim\limits_{x \to 1}\left(\dfrac{x}{x-1} - \dfrac{1}{\ln x}\right)$；

(6) $\lim\limits_{x \to \frac{\pi}{2}} (\sec x - \tan x)$；

(7) $\lim\limits_{x \to +\infty} \dfrac{x^2}{e^{3x}}$；

(8) $\lim\limits_{x \to 0} \dfrac{\tan x - x}{x - \sin x}$；

(9) $\lim\limits_{x \to +\infty} (x)^{\frac{1}{x}}$；

(10) $\lim\limits_{x \to 0^+} (x)^{\sin x}$.

§4-3 函数的单调性

单调性是函数的重要性态之一. 前面, 我们给出了单调函数的定义, 即函数 $y = f(x)$, 若对于 $x_1 < x_2 \in [a, b]$, 有 $f(x_1) < f(x_2)$(或 $f(x_1) > f(x_2)$), 则称函数 $y = f(x)$ 在区间 $[a, b]$ 上单调增加(或减少). 利用函数单调性的定义来判定函数的单调性往往是比较困难的. 本节我们将利用导数来研究函数单调性的判定方法.

图 4-3   图 4-4

由图 4-3 可以看出: 如果函数 $y = f(x)$ 在区间 $[a, b]$ 上单调增加, 其图像是一条沿 x 轴正向上升的曲线, 曲线上各点切线的倾斜角都是锐角, 切线的斜率大于零, 即 $f'(x) > 0$.

由图 4-4 可以看出: 如果函数 $y = f(x)$ 在区间 $[a, b]$ 上单调减少, 其图像是一条沿 x 轴正向下降的曲线, 曲线上各点切线的倾斜角都是钝角, 切线的斜率小于零,即 $f'(x)<0$.

由此看出,函数在 $[a,b]$ 上单调增加时有 $f'(x)>0$;函数在 $[a,b]$ 上单调减少时有 $f'(x)<0$.

反之,能否用 $f'(x)$ 的符号判定函数 $f(x)$ 的单调性呢?

下面我们用拉格朗日中值定理进行讨论:

设函数 $y=f(x)$ 在区间 $[a,b]$ 上连续,在 (a,b) 内可导,若对于 $x_1<x_2\in[a,b]$,由拉格朗日中值定理,得到

$$f(x_2)-f(x_1)=f'(\xi)(x_2-x_1),(x_1<\xi<x_2).$$

在上式中,因为 $x_2-x_1>0$,在 (a,b) 内当 $f'(x)>0$ 时,也有 $f'(\xi)>0$,于是

$$f(x_2)-f(x_1)=f'(\xi)(x_2-x_1)>0,$$

即

$$f(x_1)<f(x_2).$$

就是说,函数 $y=f(x)$ 在 $[a,b]$ 上单调增加.

同理可证,在 (a,b) 内当 $f'(x)<0$ 时,函数 $y=f(x)$ 在 $[a,b]$ 上单调减少.

综上所述,得到函数单调性的判定方法:

定理 2 设函数 $f(x)$ 在区间 $[a,b]$ 上连续,在 (a,b) 内可导.则在 (a,b) 内

(1)若 $f'(x)>0$,则函数 $y=f(x)$ 在 $[a,b]$ 上单调增加;

(2)若 $f'(x)<0$,则函数 $y=f(x)$ 在 $[a,b]$ 上单调减少.

说明 (1)定理 2 中的区间改成任意区间(包括无穷区间),结论仍成立.

(2)有些函数在定义区间上不具有单调性,但在定义区间中的部分区间上具有单调性.

这就需要我们寻找能够将定义区间进行划分的点,即区间的"分界点".对于可导函数来说,显然这些单调区间的"分界点"处的导数值应为零.如 $y=x^2$ 在 $(-\infty,0]$ 内单调减少,在 $[0,+\infty)$ 内单调增加,但在 $(-\infty,+\infty)$ 上不具备单调性,$x=0$ 是单调区间的"分界点".

但反过来,导数值为零的点,不一定是单调区间的"分界点".如函数 $f(x)=x^3$,在 $(-\infty,+\infty)$ 内单调增加,但在 $x=0$ 处有 $f'(x)=0$.使 $f'(x)=0$ 的点叫做函数 $y=f(x)$ 的**驻点**.

例 1 确定函数 $f(x)=2x^3-9x^2+12x-3$ 的单调区间.

解 (1)函数 $f(x)$ 的定义域为 $(-\infty,+\infty)$.

(2) $f'(x)=6x^2-18x+12=6(x-1)(x-2)$.

(3)令 $f'(x)=0$,即

$$6(x-1)(x-2)=0,$$

解得

$$x_1=1 \quad , \quad x_2=2.$$

(4)列表分析函数的单调性:

x	$(-\infty,1)$	1	$(1,2)$	2	$(2,+\infty)$
$f'(x)$	+	0	−	0	+
$f(x)$	↗		↘		↗

(5)函数 $f(x)$ 的单增区间是 $(-\infty,1)$ 和 $(2,+\infty)$,单减区间是 $(1,2)$.

例2 求函数 $f(x)=3(x-1)^{\frac{2}{3}}$ 的单调区间.

解 (1)函数的 $f(x)$ 的定义域为 $(-\infty,+\infty)$.

(2)$f'(x)=2(x-1)^{-\frac{1}{3}}=\dfrac{2}{\sqrt[3]{x-1}}$.

(3)函数 $f(x)$ 在 $(-\infty,+\infty)$ 内没有导数为零的点,但在点 $x=1$ 处导数不存在.

(4)列表分析函数的单调性:

x	$(-\infty,1)$	1	$(1,+\infty)$
$f'(x)$	−	不存在	+
$f(x)$	↘		↗

(5)函数 $f(x)$ 的单调增加区间为 $(1,+\infty)$,单调减少区间为 $(-\infty,1)$.

综合以上几例,我们得到求函数单调区间的步骤如下:

(1)求函数的定义域;

(2)求导数;

(3)使 $f'(x)=0$ 或 $f'(x)$ 不存在的点;

(4)列表讨论 $f'(x)$ 在各区间内的符号;

(5)由表判断函数在各区间内的单调性从而下结论.

利用函数的单调性还可以证明一些不等式.

例3 求证:$x>\ln(1+x)$ $(x>0)$.

证 设 $f(x)=x-\ln(1+x)$,则

$$f'(x)=1-\frac{1}{1+x}.$$

当 $x>0$ 时,$f'(x)>0$,由定理可知 $f(x)$ 为单调增加;又 $f(0)=0$,故当 $x>0$ 时,$f(x)>f(0)$,即 $x-\ln(1+x)>0$. 因此 $x>\ln(1+x)$.

习题 4-3

1. 确定下列函数的单调区间:

(1) $f(x) = 2x^2 - \ln x$;

(2) $f(x) = x^3 - 3x$;

(3) $f(x) = \dfrac{e^x}{1+x}$;

(4) $f(x) = (x-1)^2(x+3)^3$.

2. 证明下列不等式:

(1) $e^x > 1 + x$ $(x > 0)$;

(2) $2\sqrt{x} > 3 - \dfrac{1}{x}$ $(x > 1)$.

§4-4 函数的极值

一、函数极值的定义

定义 1 设函数 $f(x)$ 在 x_0 的某个邻域内有定义,如果对于该邻域内的任意点 $x(x \neq x_0)$

(1) 若 $f(x) < f(x_0)$,则称 $f(x_0)$ 为函数 $f(x)$ 的极大值,并且称点 x_0 是 $f(x)$ 的极大值点;

(2) 若 $f(x) > f(x_0)$,则称 $f(x_0)$ 为函数 $f(x)$ 的极小值,并且称点 x_0 是 $f(x)$ 的极小值点.

函数的极大值与极小值统称为函数的极值;极大值点和极小值点统称为函数的极值点.

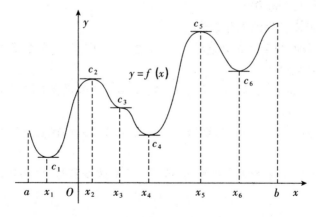

图 4-5

在图 4-5 中，$f(x_2)$、$f(x_5)$ 是函数 $f(x)$ 的极大值，点 x_2、x_5 称为极大点；$f(x_1)$、$f(x_4)$、$f(x_6)$ 是函数 $f(x)$ 的极小值，点 x_1、x_4、x_6 称为极小点.

注意 （1）极值是指函数值，而极值点是指自变量的值；

（2）函数极值的概念是局部性的，函数的极大值和极小值之间并无确定的大小关系；图 4-5 中极大值 $f(x_2)$ 就比极小值 $f(x_6)$ 要小；

（3）函数极值只在区间 (a,b) 内部取得，不可能在区间的端点取得；

（4）一个函数的极大值或极小值，并不一定是该函数的最大值和最小值. 在图 4-5 中，只有一个极小值 $f(x_1)$ 同时也是最小值，而没有一个极大值是最大值. 图 4-5 中函数的最大值是 $f(b)$.

二、函数极值的判定和求法

由图 4-5 可以看到，在极值点对应的曲线处都具有水平切线，于是我们可以得到如下定理.

定理 3 （极值的必要条件） 如果函数 $f(x)$ 在点 x_0 处可导，且在 x_0 处存在极值，则 $f'(x_0)=0$.

说明 （1）由上述定理知，可导函数的极值点必是驻点，但反之，函数的驻点却不一定是极值点. 图 4-5 中的点 C_3 处有水平切线，即有 $f'(x_3)=0$，点 x_3 是驻点，但 $f(x_3)$ 并不是极值，故点 x_3 不是极值点. 从图形上看，在点 x_3 的左右近旁函数的单调性没有改变.

（2）导数不存在的点也可能是函数的极值点. 例如，函数 $y=|x|$. 点 $x=0$ 使 y' 不存在，但函数在 $x=0$ 处有极小值.

综上所述，函数的极值只可能在驻点或导数不存在的点取得，那如何判定这些点是否为函数的极值点呢？

下面研究极值存在的充分条件.

定理 4 （极值的第一充分条件） 设函数 $f(x)$ 在点 x_0 的近旁可导且 $f'(x_0)=0$，如果在该邻域内：

（1）当 $x<x_0$ 时，$f'(x)>0$，而当 $x>x_0$，$f'(x)<0$，则函数 $f(x)$ 在 x_0 处取得极大值（如图 4-6）；

（2）当 $x<x_0$ 时，$f'(x)<0$，而当 $x>x_0$，$f'(x)>0$，则函数 $f(x)$ 在 x_0 处取得极小值（如图 4-7）；

（3）如果在 x_0 的某个去心邻域内，若 $f'(x)$ 不改变符号，则函数 $f(x)$ 在 x_0 处没有极值.

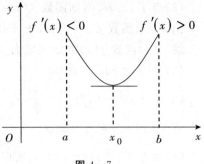

图 4-6   图 4-7

例 1   求函数 $f(x)=2x^3+3x^2-12x+1$ 的极值.

解   (1)函数的定义域为$(-\infty,+\infty)$.

(2)$f'(x)=6x^2+6x-12=6(x+2)(x-1)$.

(3)令 $f'(x)=0$,得驻点 $x_1=-2,x_2=1$.

(4)列表讨论如下:

x	$(-\infty,-2)$	-2	$(-2,1)$	1	$(1,+\infty)$
$f'(x)$	$+$	0	$-$	0	$+$
$f(x)$	↗	极大值	↘	极小值	↗

(5)由上表知,函数的极大值为 $f(-2)=21$,极小值为 $f(1)=-6$.

例 2   求函数 $f(x)=x-\dfrac{3}{2}x^{\frac{2}{3}}$ 的极值.

解   (1)函数 $f(x)$ 的定义域为$(-\infty,+\infty)$.

(2) $f'(x)=1-x^{-\frac{1}{3}}=\dfrac{\sqrt[3]{x}-1}{\sqrt[3]{x}}$.

(3)令 $f'(x)=0$,得驻点 $x=1$.当 $x=0$ 时,导数不存在.

(4)列表讨论如下:

x	$(-\infty,0)$	0	$(0,1)$	1	$(1,+\infty)$
$f'(x)$	$+$	不存在	$-$	0	$+$
$f(x)$	↗	极大值	↘	极小值	↗

(5)由上表知,函数的极大值为 $f(0)=0$,极小值为 $f(1)=-\dfrac{1}{2}$.

定理 5   (极值的第二充分条件)设函数 $f(x)$ 在点 x_0 处具有二阶导数且 $f'(x_0)=0,f''(x_0)\neq0$,如果

(1)当 $f''(x_0)>0$,则函数 $f(x)$ 在 x_0 处取得极小值.

(2)当 $f''(x_0) < 0$，则函数 $f(x)$ 在 x_0 处取得极大值.

例3 求函数 $f(x) = \sin x + \cos x$ 在区间 $[0, 2\pi]$ 上的极值.

解 (1)函数 $f(x)$ 的定义域为 $[0, 2\pi]$.

(2) $f'(x) = \cos x - \sin x$.

(3)令 $f'(x) = 0$，得 $x_1 = \dfrac{\pi}{4}$，$x_2 = \dfrac{5\pi}{4}$；

又 $f''(x) = -\sin x - \cos x$.

(4)因为 $f''(\dfrac{\pi}{4}) = -\sqrt{2} < 0$，所以 $f(x)$ 在 $x = \dfrac{\pi}{4}$ 处取得极大值 $f(\dfrac{\pi}{4}) = \sqrt{2}$.

因为 $f''(\dfrac{5\pi}{4}) = \sqrt{2} > 0$，所以 $f(x)$ 在 $x = \dfrac{5\pi}{4}$ 处取得极小值 $f(\dfrac{5\pi}{4}) = -\sqrt{2}$.

习题 4-4

1. 求下列函数的极值：

(1) $f(x) = x - \ln(1+x)$；

(2) $f(x) = 2x^3 - 6x^2 - 18x + 7$；

(3) $f(x) = 1 - (x-2)^{\frac{2}{3}}$；

(4) $f(x) = (x^2-1)^3 + 1$；

(5) $f(x) = x^2 e^{-x}$；

(6) $f(x) = \dfrac{2x}{1+x^2}$.

2. 利用二阶导数，判断下列函数的极值：

(1) $f(x) = x^2(1-x)$；

(2) $f(x) = 2x - \ln(4x)^2$.

3. 已知函数 $f(x) = e^{-x}\ln ax$ 在 $x = \dfrac{1}{2}$ 处有极值，求 a 的值

§4-5　函数的最大值和最小值

在日常生活中，工程技术及市场经济中，常常会遇到如何做才能使"用料最省"、"效率最高"、"路程最短"等问题.用数学的方法进行描述可归结为求一个函数的最大值与最小值问题.

由前面的知识知道，在闭区间上的连续函数一定存在最大值与最小值.显然，要求函数的最大(小)值，必先找出函数 $f(x)$ 在 $[a,b]$ 上取得最大值和最小值的点.怎样在区间 $[a,b]$ 上找出取得最大(小)值的点呢？下面我们就来解决这个问题.

(1)若函数 $f(x)$ 的最大(小)值在区间 (a,b) 内部取得，那么对可导函数来讲，必在驻点处取得；

(2)函数 $f(x)$ 的最大(小)值可以在区间的端点处取得；

(3)函数在其 $f'(x)$ 不存在的点可能取得极值,则函数的最大(小)值也可能在使 $f'(x)$ 不存在的点处取得.

综上所述,可知求函数 $f(x)$ 在区间 $[a,b]$ 上的最大(小)值的步骤为:

(1)求函数 $f(x)$ 的导数,并求出所有的驻点和导数不存在的点;

(2)求各驻点、导数不存在的点及各端点的函数值;

(3)比较上述各函数值的大小,其中最大的就是 $f(x)$ 在闭区间 $[a,b]$ 上的最大值,最小的就是 $f(x)$ 在闭区间 $[a,b]$ 上的最小值.

例 1 求函数 $y=\sqrt[3]{(x^2-2x)^2}$ 在 $[0,3]$ 上的最大值与最小值.

解 显然,函数 $y=\sqrt[3]{(x^2-2x)^2}$ 在 $[0,3]$ 上连续,且

$$y'=\frac{4(x-1)}{3\sqrt[3]{x^2-2x}},$$

可知,驻点 $x=1$,不可导点 $x=2$. $x=0$,端点 $x=0$、$x=3$,这些点的函数值分别为

$$y(0)=y(2)=0,y(1)=1,y(3)=\sqrt[3]{9}.$$

那么函数在 $[0,3]$ 上的最大值为 $y(3)=\sqrt[3]{9}$,最小值为 $y(0)=y(2)=0$.

在实际问题中常常遇到这样一种特殊情况,连续函数 $y=f(x)$ 若在区间 (a,b) 内有且只有唯一驻点 x_0,据实际问题,当 $f(x_0)$ 是极大值时就是最大值;而 $f(x_0)$ 为极小值时就是最小值.

例 2 【用料最省】某工厂要用围墙围城面积为 96m^2 的矩形场地,如图 4—8 所示,并在正中间用一堵墙将它隔成两块,问这块土地的长和宽各取多少时,才能使所用的建筑材料最省?

图 4—8

解 设这块地的长为 $x\text{m}$,则宽为 $\frac{96}{x}\text{m}$,并可得围墙和隔墙的总长度为

$$f(x)=2x+3\times\frac{96}{x}=2x+\frac{288}{x}\qquad(x>0)$$

令

$$f'(x)=2-\frac{288}{x^2}=2\left(1-\frac{12}{x}\right)\left(1+\frac{12}{x}\right)=0$$

解得 $x=12$ 是 $(0,+\infty)$ 中唯一的驻点.

而 $f''(12)>0$,即 $f(x)$ 在 $x=12$ 处取得极小值,故知 $f(x)$ 在 $x=12$ 处取得最小值.

故当土地的长为 12m、宽为 8m 时,围墙和隔墙的长度最短,才能使所用的建筑材料最省.

求实际问题的最大（小）值有以下步骤：

（1）先根据问题的条件建立目标函数；

（2）求目标函数的定义域；

（3）求目标函数的驻点（唯一驻点），并判定在此驻点处取得的是极大值还是极小值；

（4）根据实际问题的性质确定该函数值是最大值还是最小值.

例 3 【费用最低】铁路上 A、B 两城的距离为 100km，工厂 C 距铁路线 20km，即 $AC=20$km. 且 $AC \perp AB$.（图 4—9）. 现在要在 AB 中选一点 D，修一条公路直通 C 厂. 已知铁路运货每千米的运费与公路的运费之比是 3:5，问 D 应选在何处，才能使从 B 城运往工厂 C 的运费最省.

图 4—9

解 设 $AD=x$(km)，先建立运费函数.

由于 $CD=\sqrt{20^2+x^2}=\sqrt{400+x^2}$，$DB=100-x$.

故由 B 点经 D 到 C 厂，单位重量的货物运费为

$$y=5\sqrt{400+x^2}+3(100-x)，(0 \leqslant x \leqslant 100)$$

则 $y'=\dfrac{10x}{2\sqrt{400+x^2}}-3=\dfrac{5x-3\sqrt{400+x^2}}{\sqrt{400+x^2}}$

由 $y'=0$，解得 $x=15$ 是 $[0,100]$ 中唯一的驻点.

而 $f''(15)>0$，即 $f(x)$ 在 $x=15$ 处取得极小值，故知 $f(x)$ 在 $x=15$ 处取得最小值.

故距 A 城 15km 处选为 D 点，可使运费最省.

例 4 【收入最高】某房地产公司有 50 套公寓要出租，当租金定位每月 180 元时，公寓会全部租出去，当租金每月增加 10 元时，就有一套公寓租不出去，而租出去的房子每套需花费 20 元的整修维护费. 试问房租定为多少可获得最大收入？

解 设房租为每月 x 元，则租出去的房子有 $50-(\dfrac{x-180}{10})$ 间，每月总收入为

$$R(x)=(x-20)\left[50-(\dfrac{x-180}{10})\right],$$

即 $R(x)=(x-20)(68-\dfrac{x}{10})，(x>180)$

则 $R'(x)=(68-\dfrac{x}{10})+(x-20)(-\dfrac{1}{10})=70-\dfrac{x}{5}$

由 $R'(x)=0$,解得 $x=350$ 是 $(0,+\infty)$ 中唯一的驻点.

而 $R''(350)<0$,即 $R(x)$ 在 $x=350$ 处取得极大值,故知 $R(x)$ 在 $x=350$ 处取得最大值.

故每月每套租金定为 350 元时收入最高.

习题 4-5

1. 求下列函数在给定区间上的最大值和最小值

(1) $f(x)=2x^3+3x^2-12x+10,\ x\in[-3,4]$;

(2) $f(x)=\dfrac{1}{2}x^2-3\sqrt[3]{x},\ x\in[-1,2]$;

(3) $f(x)=\ln(1+x^2),\ x\in[-1,2]$;

(4) $f(x)=x+\sqrt{1+x},\ x\in[-5,1]$.

2. 要做一个容积为 V 的圆柱形油罐,问底半径 r 和高 h 等于多少时才能使所用材料最省?

3. 有一块宽为 $2a$ 的正方形铁片,将它的两个边缘向上折起成一个开口水槽,其横截面为矩形,高为 x,问高 x 取何值时,水槽的流量最大?

4. 甲船位于乙船东 75n mile(海里)处,以每小时 12n mile 的速度向西行驶,而乙船则以每小时 6n mile 的速度向北行驶,问经过多长时间两船相距最近?

5. 某厂生产某种产品 Q 个单位时的费用为 $C(Q)=\dfrac{1}{4}Q^2+1$,销售收入为

$R(Q)=8\sqrt{Q}$,求使利润达到最大的产量 Q.

6. 设生产某种产品 x 个单位的生产费用为
$$C(x)=900+20x+x^2(元),$$
问:x 为多少时平均费用最低? 最低的平均费用是多少?

7. 欲利用围墙围成面积为 216m^2 的一块矩形土地,并在正中用一堵墙将其隔成两块,问这块土地长和宽选取多大的尺寸,才能使所用建筑材料最省?

§4-6 曲线的凹凸、拐点与渐近线

要想较准确地描绘函数的图形,仅知道 $y=f(x)$ 的单调性和极值是不够的,还需要进一步研究曲线的凹凸性.

一、曲线的凹凸与拐点

图 4—10 中的两条曲线弧 ACB 和 ADB，都是单调上升的，但它们的弯曲方向明显不同，曲线弧 ACB 向下凹，曲线弧 ADB 向上凸，下面介绍描述曲线弯曲方向的概念.

定义 2 在开区间 (a,b) 内，如果曲线上每一点处的切线都在它的下方，则称曲线在 (a,b) 内是凹的，(a,b) 称为曲线的凹区间；如果曲线上每一点处的切线都在它的上方，则称曲线在 (a,b) 内是凸的，(a,b) 称为曲线的凸区间.

图 4—10

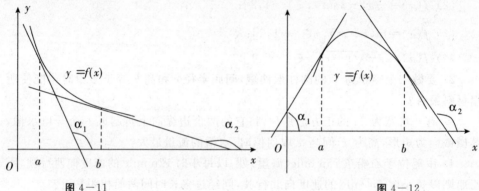

图 4—11 图 4—12

为了能用导数来判定曲线是凹的或凸的，我们先分析凹的曲线或凸的曲线与导数的关系. 如图 4—11、图 4—12 所示，对于凹的曲线，当 x 增大时，曲线上对应点的切线的斜率 $f'(x)$ 也是增大的，即 $f'(x)$ 是单调递增的，从而 $f''(x)>0$；而对于凸的曲线，曲线上对应点的切线的斜率 $f'(x)$ 是减小的，即 $f'(x)$ 是单调递减的，从而 $f''(x)<0$. 这说明可以用函数 $f(x)$ 的二阶导数 $f''(x)$ 来判定曲线的凹凸性.

定理 6 设函数 $f(x)$ 在 (a,b) 内具有二阶导数，

(1) 如果在 (a,b) 内，$f''(x)>0$，那么曲线在 (a,b) 内是凹的；

(2) 如果在 (a,b) 内，$f''(x)<0$，那么曲线在 (a,b) 内是凸的.

例 1 判定曲线 $y=x^4-6x^2+24x-12$ 的凹凸性.

解 (1) 函数的定义域为 $(-\infty,+\infty)$；

(2) $y'=4x^3-12x+24$，$y''=12x^2-12=12(x-1)(x+1)$；

(3) 令 $y''=0$，得 $x=\pm1$；

(4) 列表考察（表中"$\bigcap$"表示曲线是凸的，"$\bigcup$"表示是凹的）；

x	$(-\infty,-1)$	$(-1,1)$	$(1,+\infty)$
y''	$+$	$-$	$+$
曲线 y	$\cup$	$\cap$	$\cup$

(5)由上表可知,曲线在$(-1,1)$内是凸的,在$(-\infty,-1)$和$(1,+\infty)$内是凹的.

定义3 连续曲线上凹曲线和凸曲线的分界点称为曲线的**拐点**.

由例1可知,曲线 $y=x^4-6x^2+24x-12$ 的拐点均为$(-1,-41)$和$(1,7)$.

注意 (1)在拐点处,函数的二阶导数为零或不存在;

(2)拐点是指曲线上的点,而不是 x 轴上的点.

例2 求曲线 $y=x^3-3x^2$ 的凹凸区间和拐点.

解 (1)函数的定义域为$(-\infty,+\infty)$;

(2)$y'=3x^2-6x,y''=6x-6=6(x-1)$;

(3)令 $y''=0$,得 $x=1$;

(4)列表考察

x	$(-\infty,1)$	1	$(1,+\infty)$
y''	$-$	0	$+$
曲线 y	$\cap$	拐点$(1,-2)$	$\cup$

(5)由上表可知,曲线在$(-\infty,1)$内是凸的,在$(1,+\infty)$内是凹的;曲线的拐点为$(1,-2)$.

例3 求曲线 $y=\sqrt[3]{x}$ 的凹凸区间和拐点.

解 (1)函数的定义域为$(-\infty,+\infty)$;

(2)$y'=\dfrac{1}{3\sqrt[3]{x^2}},y''=-\dfrac{2}{9x\sqrt[3]{x^5}}$;

(3)$x=0$ 是使 y'' 不存在的点.

(4)列表考察

x	$(-\infty,0)$	0	$(0,+\infty)$
y''	$+$	不存在	$-$
曲线 y	$\cup$	拐点$(0,0)$	$\cap$

(5)由上表可知,曲线在$(0,+\infty)$内是凸的,在$(-\infty,0)$内是凹的;曲线的拐点为$(0,0)$.

例4 判断曲线 $y=(2x-1)^4+1$ 是否有拐点?

解 (1)函数的定义域为$(-\infty,+\infty)$;

(2)$y'=8(2x-1)^3$,$y''=48(2x-1)^2$;

(3)令$y''=0$,得$x=\dfrac{1}{2}$;

图 4-13

(4)因为当$x\neq\dfrac{1}{2}$时,y''恒为正数,也就是说在点

$x=\dfrac{1}{2}$的左、右近旁,y''的符号相同,都是正的,因此点

$\left(\dfrac{1}{2},1\right)$不是曲线$y=(2x-1)^4+1$的拐点.事实上,在

整个定义域内曲线是凹的,所以它没有拐点(如图 4-13 所示).

二、曲线的渐近线

先看下面的例子:

(1)当$x\to+\infty$时,曲线$y=\arctan x$无限接近于直线$y=\dfrac{\pi}{2}$;

当$x\to-\infty$时,曲线$y=\arctan x$无限接近于直线$y=-\dfrac{\pi}{2}$.

(2)当$x\to1^+$时,曲线$y=\ln(x-1)$无限接近于直线$x=1$.

一般地,对于具有上述特性的直线,我们给出下面的定义:

定义 4 如果当自变量$x\to\infty$(有时仅当$x\to+\infty$或$x\to-\infty$)时,函数$f(x)$以常量b为极限,即

$$\lim_{\substack{x\to\infty\\(\substack{x\to+\infty\\x\to-\infty})}}f(x)=b,$$

那么直线$y=b$叫做曲线$y=f(x)$的水平渐近线.

例如,因为$\lim\limits_{x\to+\infty}\arctan x=\dfrac{\pi}{2}$,$\lim\limits_{x\to-\infty}\arctan x=-\dfrac{\pi}{2}$,所以直线$y=\dfrac{\pi}{2}$和$y=-\dfrac{\pi}{2}$是曲线$y=\arctan x$的两条水平渐近线.

定义 5 如果当自变量$x\to x_0$(有时仅当$x\to x_0^-$或$x\to x_0^+$)时,函数$f(x)$以无穷大为极限,即

$$\lim_{\substack{x\to x_0\\(\substack{x\to x_0^+\\x\to x_0^-})}}f(x)=\infty,$$

那么直线$x=x_0$叫做曲线$y=f(x)$的垂直渐近线.

例如,因为$\lim\limits_{x\to1^+}\ln(x-1)=-\infty$,所以直线$x=1$是曲线$y=\ln(x-1)$的垂直渐

近线.

例5 求下列曲线的水平渐近线和垂直渐近线：

(1) $y=\dfrac{2x}{1+x^2}$； (2) $y=\dfrac{x+1}{x-2}$.

解 (1) $y=\dfrac{2x}{1+x^2}$，因为 $\lim\limits_{x\to\infty}\dfrac{2x}{1+x^2}=0$，所以 $y=0$ 是曲线 $y=\dfrac{2x}{1+x^2}$ 的水平渐

近线.

(2) $y=\dfrac{x+1}{x-2}$，因为 $\lim\limits_{x\to2}\dfrac{x+1}{x-2}=\infty$，所以直线 $x=2$ 是曲线 $y=\dfrac{x+1}{x-2}$ 的垂直渐近

线. 又因为 $\lim\limits_{x\to\infty}\dfrac{x+1}{x-2}=1$，所以直线 $y=1$ 是曲线的水平渐近线.

习题 4-6

1. 求下列曲线的拐点及凹凸区间：

(1) $y=x^4-2x^3+1$； (2) $y=xe^{-x}$；

(3) $y=\ln(x^2+1)$； (4) $y=2+(x-4)^{\frac{1}{3}}$.

2. 求下列曲线的渐近线：

(1) $y=\dfrac{1}{x-5}$； (2) $y=e^{\frac{1}{x}}$；

(3) $y=\dfrac{x^2+x}{(x-2)(x+3)}$； (4) $y=\dfrac{2x^2+1}{1-x^2}$.

§4-7 函数图像的描绘

前面我们学习了函数单调性及极值、曲线的凹凸性与拐点的判定方法. 还建立了寻求渐近线的方法. 这一节里，将综合运用这些知识，画出函数的图像.

利用导数描绘函数图像的一般步骤如下：

(1) 确定函数 $y=f(x)$ 的定义域，考察函数的奇偶性；

(2) 求出函数的一阶导数 $f'(x)$ 和二阶导数 $f''(x)$，解出方程 $f'(x)=0$ 和 $f''(x)=0$ 在函数定义域内的全部实根，把函数的定义域划分成几个部分区间；

(3) 考察在各个部分区间内 $f'(x)$ 和 $f''(x)$ 的符号，列表确定函数的单调性和极值，曲线的凹凸性和拐点；

(4) 确定曲线的水平渐近线和垂直渐近线；

(5) 计算方程 $f'(x)=0$ 和 $f''(x)=0$ 的根所对应的函数值，定出图像上相应

的点;

(6)为了把图像描得准确些,有时还要补充一些点,然后结合(3)、(4)中得到的结果,把它们连成光滑的曲线,从而得到函数 $y=f(x)$ 的图像.

例1 作函数 $y=\dfrac{1}{3}x^3-x$ 的图像.

解 (1)函数的定义域为 $(-\infty,+\infty)$,由于

$$f(-x)=\frac{1}{3}(-x)^3-(-x)=-(\frac{1}{3}x^3-x)=-f(x)$$

所以函数是奇函数,它的图像关于原点对称.

(2) $y'=x^2-1$,由 $y'=0$,得 $x=-1$ 和 $x=1$;

$\quad y''=2x$,由 $y''=0$,得 $x=0$.

(3)列表讨论如下:

x	$(-\infty,-1)$	-1	$(-1,0)$	0	$(0,1)$	1	$(1,+\infty)$
y'	+	0	−	−	−	0	+
y''	−	−	−	0	+	+	+
曲线 y	单增凸	极大值 $\dfrac{2}{3}$	单减凸	拐点 $(0,0)$	单减凹	极小值 $-\dfrac{2}{3}$	单增凹

(4)由上表可知,函数有极大值 $f(-1)=\dfrac{2}{3}$,极小值 $f(1)=-\dfrac{2}{3}$,曲线有拐点 $(0,0)$.

(5)取辅助点 $(-2,-\dfrac{2}{3})$,$(-\sqrt{3},0)$,$(2,\dfrac{2}{3})$ 等,结合上述讨论作出函数的图像(图 4—14).

例2 作函数 $y=\dfrac{1}{\sqrt{2\pi}}e^{-\frac{x^2}{2}}$ 的图像.

解 (1)函数的定义域为 $(-\infty,+\infty)$,由于

$$f(-x)=\frac{1}{\sqrt{2\pi}}e^{-\frac{(-x)^2}{2}}=\frac{1}{\sqrt{2\pi}}e^{-\frac{x^2}{2}}$$

$$=f(x),$$

所以 $f(x)$ 是偶函数,它的图像关于 y 轴对称.

(2) $y'=-\dfrac{1}{\sqrt{2\pi}}xe^{-\frac{x^2}{2}}$,由 $y'=0$,得 $x=0$;

图 4—14

$$y''=-\frac{1}{\sqrt{2\pi}}(1-x^2)e^{-\frac{x^2}{2}},\text{由 }y''=0,\text{得 }x=\pm1.$$

（3）列表讨论如下：

x	$(-\infty,-1)$	-1	$(-1,0)$	0	$(0,1)$	1	$(1,+\infty)$
y'	$+$	$+$	$+$	0	$-$	$-$	$-$
y''	$+$	0	$-$	$-$	$-$	0	$+$
曲线 y	单增凹	拐点 $(-1,\frac{1}{\sqrt{2\pi}}e^{-\frac{1}{2}})$	单增凸	极大值 $\frac{1}{\sqrt{2\pi}}$	单减凸	拐点 $(1,\frac{1}{\sqrt{2\pi}}e^{-\frac{1}{2}})$	单减凹

由上表可知，函数的极大值为 $f(0)=\frac{1}{\sqrt{2\pi}}\approx0.4$，曲线的拐点为 $(-1,\frac{1}{\sqrt{2\pi}}$

$e^{-\frac{1}{2}})$ 和 $(1,\frac{1}{\sqrt{2\pi}}e^{-\frac{1}{2}})$．因为 $\frac{1}{\sqrt{2\pi}}e^{-\frac{1}{2}}\approx0.2$，所以拐点为 $(-1,0.2)$ 和 $(1,0.2)$．

（4）因为 $\lim\limits_{x\to\infty}\frac{1}{\sqrt{2\pi}}e^{-\frac{x^2}{2}}=\frac{1}{\sqrt{2\pi}}\lim\limits_{x\to\infty}\frac{1}{e^{\frac{x^2}{2}}}=0$，所以直线 $y=0$ 是曲线 $y=\frac{1}{\sqrt{2\pi}}e^{-\frac{x^2}{2}}$ 的

水平渐近线．

（5）取辅助点：$(2,\frac{1}{\sqrt{2\pi}e^2})$，$(-2,\frac{1}{\sqrt{2\pi}e^2})$，即 $(2,0.05)$，$(-2,0.05)$．

综合以上讨论，作出函数的图像（图 4-15），这条曲线称为标准正态分布曲线．

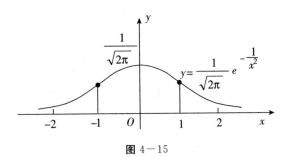

图 4-15

例 3　作函数 $y=\dfrac{x}{(x+1)(x-1)}$ 的图像．

解　（1）函数的定义域为 $(-\infty,-1)\bigcup(-1,+\infty)$，由于

$$f(x)=\frac{x}{(x+1)(x-1)}=\frac{x}{x^2-1},$$

$$f(-x)=\frac{-x}{(-x)^2-1}=-\frac{x}{x^2-1}=-f(x)$$

所以 $f(x)$ 是奇函数，它的图像关于原点对称．

(2)$y' = \dfrac{x^2-1-x(2x)}{(x^2-1)^2} = -\dfrac{1+x^2}{(x^2-1)^2}$,因为 $y'<0$,所以函数在定义域内是单调减少的.

$$y'' = -\dfrac{2x(x^2-1)^2-(1+x^2)\cdot 2\cdot(x^2-1)\cdot 2x}{(x^2-1)^4}$$

$$= -\dfrac{2x(x^2-1)-4x(1+x^2)}{(x^2-1)^3} = \dfrac{2x(x^2+3)}{(x^2-1)^3}.$$

由 $y''=0$,得 $x=0$.

(3)列表讨论如下:

x	$(-\infty,-1)$	$(-1,0)$	0	$(0,1)$	$(1,+\infty)$
y'	$-$	$-$	$-$	$-$	$-$
y''	$-$	$+$	0	$-$	$+$
曲线 y	单减凸	单减凹	拐点 $(0,0)$	单减凸	单减凹

由上表可知,函数没有极值,曲线有拐点 $(0,0)$.

(4)曲线有两条垂直渐近线 $x=1$ 和 $x=-1$,以及一条水平渐近线 $y=0$.

(5)取辅助点: $M_1\left(3,\dfrac{3}{8}\right), M_2\left(2,\dfrac{2}{3}\right), M_3\left(\dfrac{3}{2},\dfrac{6}{5}\right), M_4\left(-\dfrac{1}{2},\dfrac{2}{3}\right)$.

综合上述讨论,并利用曲线关于原点对称的特点,作出函数的图像(图 4—16).

图 4—16

习题 4-7

作出下列函数的图像：

(1) $y = 3x^2 - x^3$;

(2) $y = \mathrm{e}^{-x^2}$;

(3) $y = 1 + \dfrac{1-2x}{x^2}$;

(4) $y = x + \dfrac{x}{x-1}$.

本章小结

一、基本概念

1. 极值点与极值

若 $f(x) < f(x_0)$，则称 $f(x_0)$ 为函数 $f(x)$ 的极大值，并且称点 x_0 是 $f(x)$ 的极大值点；

若 $f(x) > f(x_0)$，则称 $f(x_0)$ 为函数 $f(x)$ 的极小值，并且称点 x_0 是 $f(x)$ 的极小值点.

2. 驻点   使 $f'(x) = 0$ 的点称为驻点.

3. 可导函数的极值点必是驻点；函数的驻点却不一定是极值点.

4. 拐点   凹凸分界点是拐点.

5. 曲线的渐近线

若 $\lim\limits_{x \to \infty} f(x) = b$，则直线 $y = b$ 是曲线 $y = f(x)$ 的水平渐近线；

若 $\lim\limits_{x \to x_0} f(x) = \infty$，则直线 $x = x_0$ 叫做曲线 $y = f(x)$ 的垂直渐近线.

二、基本定理

1. 罗尔(Rolle)定理、拉格朗日中值定理是微分学的基本定理，注意它们的条件和结论.

2. 洛必达法则

$$\lim_{x \to x_0} \frac{f(x)}{g(x)} = \lim_{x \to x_0} \frac{f'(x)}{g'(x)}.$$

该法则只适用于计算 $\dfrac{0}{0}$ 型及 $\dfrac{\infty}{\infty}$ 型未定式的极限. 其他未定式可通过变型转换成 $\dfrac{0}{0}$ 型或 $\dfrac{\infty}{\infty}$ 型未定式. 当法则失效时应换用其他方法求解极限.

3. 函数单调性的判定定理

在 (a,b) 内，$f'(x)>0$，则 $y=f(x)$ 单调增加；$f'(x)<0$，则 $y=f(x)$ 单调减少.

4. 极值的第一充分条件

利用一阶导数 $f'(x)$ 在点 x_0 左右两旁的符号变化判断在 x_0 处是否取得极值. 若 $f'(x)$ 由正变到负，则 $f(x_0)$ 是极大值；反之是极小值.

5. 极值的第二充分条件

若 $f'(x_0)=0$，$f''(x_0)\neq0$，那么当 $f''(x_0)>0$，则 $f(x_0)$ 是极小值；当 $f''(x_0)<0$，则 $f(x_0)$ 是极大值.

6. 曲线的凹凸性的判定定理

在 (a,b) 内，$f''(x)>0$，那么曲线是凹的；$f''(x)<0$，那么曲线是凸的.

三、基本方法

1. 求函数单调区间的步骤：

(1)求函数的定义域；

(2)求导数；

(3)使 $f'(x)=0$ 或 $f'(x)$ 不存在的点；

(4)列表讨论 $f'(x)$ 在各区间内的符号；

(5)由列表判断函数在各区间内的单调性从而下结论.

2. 求函数极值的步骤：

(1)求函数的定义域；

(2)求导数 $f'(x)$；

(3)求 $f(x)$ 的全部驻点及导数不存在的点；

(4)讨论各驻点及导数不存在的点是否为极值点，是极大值点还是极小值点；

(5)求各极值点的函数值，得到函数的全部极值.

3. 求函数的最大值与最小值的步骤：

(1)求函数 $f(x)$ 的导数，并求出所有的驻点和导数不存在的点；

(2)求各驻点、导数不存在的点及各端点的函数值；

(3)比较上述各函数值的大小，其中最大的就是 $f(x)$ 在闭区间 $[a,b]$ 上的最大值，最小的就是 $f(x)$ 在闭区间 $[a,b]$ 上的最小值.

4. 求实际问题的最大(小)值有以下步骤：

(1)先根据问题的条件建立目标函数；

(2)求目标函数的定义域；

(3)求目标函数的驻点(唯一驻点)；并判定在此驻点处取得的是极大值还是极小值；

(4)根据实际问题的性质确定该函数值是最大值还是最小值.

5. 利用导数描绘函数图像的一般步骤：

(1)确定函数 $y=f(x)$ 的定义域,考察函数的奇偶性；

(2)求出函数的一阶导数 $f'(x)$ 和二阶导数 $f''(x)$,解出方程 $f'(x)=0$ 和 $f''(x)=0$ 在函数定义域内的全部实根,把函数的定义域划分成几个部分区间；

(3)考察在各个部分区间内 $f'(x)$ 和 $f''(x)$ 的符号,列表确定函数的单调性和极值,曲线的凹凸性和拐点；

(4)确定曲线的水平渐近线和垂直渐近线；

(5)计算方程 $f'(x)=0$ 和 $f''(x)=0$ 的根所对应的函数值,定出图像上相应的点；

(6)为了把图像描得准确些,有时还要补充一些点,然后结合(3)、(4)中得到的结果,把它们连成光滑的曲线,从而得到函数 $y=f(x)$ 的图像.

测试题四

一、填空题

1. 若函数 $f(x)$ 在 $[a,b]$ 上连续,且在 (a,b) 内 $f'(x)>0$,则 $f(x)$ 在 $[a,b]$ 的最大值是_____,最小值是_____.

2. 若函数 $f(x)=x^3+ax^2+bx$ 在 $x=1$ 处有极小值 -2,则 $a=$_____,$b=$_____.

3. 拉格朗日中值定理的结论为 $f'(\xi)=$_____.

4. 若 $f'(x_0)=0$,则 x_0 称为_____.

5. 曲线 $f(x)=(x-1)^3-1$ 的拐点是_____.

二、选择题

1. 下列极限中不能使用洛必达法则求极限的是(   ).

A. $\lim\limits_{x \to 0}\dfrac{\sin x}{x}$

B. $\lim\limits_{x \to 0}\dfrac{\tan 2x}{\tan 3x}$

C. $\lim\limits_{x \to \infty}\dfrac{x+\sin x}{x}$

D. $\lim\limits_{x \to 0^+} x\ln x$

2. 下列说法正确的是(   ).

A. 驻点必为极值点

B. 极值点必为驻点

C. 可导函数的驻点必为极值点

D. 可导函数的极值点必为驻点

3. 若点 $(1,3)$ 为曲线 $y=ax^3+bx^2$ 的拐点,则 a,b 的值分别为(   ).

A. $a=2,b=1$

B. $a=-6,b=9$

$C. a=\dfrac{9}{2}, b=-\dfrac{3}{2}$ $D. a=-\dfrac{3}{2}, b=\dfrac{9}{2}$

4. 函数 $f(x)=e^{-x}$ 在其定义域内是(   ).

   A. 单增且凹的   B. 单减且凹的

   C. 单增且凸的   D. 单减且凸的

5. 下列函数在 $[1,e]$ 上满足拉格朗日中值定理条件的是(   ).

   A. $\dfrac{1}{\sqrt{\ln x}}$ B. $\dfrac{1}{\ln x}$

   C. $\ln x$ D. $\ln(2-x)$

三、解答题

1. 求下列极限：

(1) $\lim\limits_{x\to 1}\dfrac{\ln x}{x-1}$;   (2) $\lim\limits_{x\to\frac{\pi}{2}}\dfrac{\cos 5x}{\cos 3x}$;

(3) $\lim\limits_{x\to 0}\left(\dfrac{1}{\sin x}-\dfrac{1}{x}\right)$;   (4) $\lim\limits_{x\to 1}\left(\dfrac{2}{x^2-1}-\dfrac{1}{x-1}\right)$;

(5) $\lim\limits_{x\to 0^+}\left(\dfrac{1}{x}\right)^{\tan x}$;   (6) $\lim\limits_{x\to\frac{\pi}{2}}(\sin x)^{\tan x}$.

2. 验证函数 $f(x)=x^2-3x-4$ 在 $[-1,4]$ 上是否满足罗尔定理的条件，如果满足试求罗尔定理中的 ξ 的值.

3. 验证函数 $f(x)=x^3-3x$ 在 $[0,2]$ 上是否满足拉格朗日定理的条件，如果满足试求拉格朗日定理中的 ξ 的值.

4. 求函数 $f(x)=x^3+3x^2-24x-20$ 的极值.

5. 求出函数 $f(x)=(x-1)\sqrt[3]{x^2}$ 的极值和单调性.

6. 试问 a 为何值时，函数 $f(x)=a\sin x+\dfrac{1}{3}\sin 3x$ 在 $x=\dfrac{\pi}{3}$ 处取得极值？它是极大值还是极小值？并求此极值.

7. 求下列曲线的拐点及凹凸区间：

(1) $y=(x+1)^4+e^x$;   (2) $y=(2x-5)\sqrt[3]{x^2}$.

8. 求下列曲线的渐近线：

(1) $y=x^2-\dfrac{1}{x}$;   (2) $y=\dfrac{1}{4-x^2}$.

9. 作出下列函数的图像：

(1) $y=x^3-x^2-x+1$;   (2) $y=\dfrac{e^x}{1+x}$;

(3) $y = \dfrac{2x-1}{(x-1)^2}$;   (4) $y = \ln(x^2+1)$.

四、应用题

1. 某厂每批生产某种商品 x 个单位的费用为 $C(x)=5x+200$ (元),得到的收入是

$$R(x)=10x-0.01x^2,$$

问:每批应生产多少个单位时才能使利润最大?

2. 窗户形状下部是矩形,上部是半圆形,周长 15m,问矩形的宽和高各是多少 m 时窗户的面积最大?

第五章　不定积分

在前面我们学习了如何求一个函数的导函数或微分问题.本章将讨论它的相反问题:已知一个函数的导数(或微分),求原来的函数,这就是一元函数积分学,积分学包括不定积分和定积分两部分.本章介绍不定积分的概念、性质及基本积分方法.

§5-1　不定积分的概念和性质

一、原 函 数

自由落体运动中,物体落体运动的距离 s 与时间 t 的关系式为

$$s(t) = \frac{1}{2}gt^2$$

它在时刻 t 的速度是 $v(t) = s'(t) = gt$. 反过来,如果知道自由落体运动中物体下落的速度 v 与在时刻 t 的关系式是 $v(t) = s'(t) = gt$,那么下落的距离函数 $s(t)$ 又怎样求呢? 这是已知某个函数的导数求这个函数的问题.

定义 1　设 $f(x)$ 在区间 I 上有定义,如果存在函数 $F(x)$,对任意 $x \in I$,有 $F'(x) = f(x)$(或 $\mathrm{d}F(x) = f(x)\mathrm{d}x$),则称 $F(x)$ 为 $f(x)$ 在区间 I 上的一个原函数.

由于 $s(t) = \frac{1}{2}gt^2$ 的导数是 gt,所以 $\frac{1}{2}gt^2$ 就是 $v(t) = gt$ 的一个原函数.

又如 $(2^x)' = 2^x \ln 2$,所以 2^x 是 $2^x \ln 2$ 的一个原函数.

函数 $f(x)$ 满足什么条件,它一定有原函数呢?

定理 1　(原函数存在定理) 如果函数 $f(x)$ 在区间 I 上连续,则 $f(x)$ 在该区间上的原函数必存在.

一般地,由 $F'(x) = f(x)$,有 $[F(x) + C]' = f(x)$,(C 为任意常数).

定理 2　若 $F(x)$ 是 $f(x)$ 在区间 I 上的一个原函数,则 $F(x) + C(C$ 为任意常数)都是 $f(x)$ 在区间 I 上的原函数.

例如,$\sin x$ 为 $\cos x$ 的原函数,则 $\sin x + 1$,$\sin x - \sqrt{5}$,$\sin x + \frac{1}{5}$ 都是 $\cos x$ 的原函

数,显然.如果函数有一个原函数存在,则必有无穷多个原函数,且它们彼此间相差一个常数.

$F(x)+C(C$ 为任意常数)是 $f(x)$ 的全体原函数,称为原函数族.

二、不定积分的概念

定义 2 在区间 I 内,若 $F(x)$ 是 $f(x)$ 的一个原函数,则 $f(x)$ 的全体原函数 $F(x)+C(C$ 为任意常数)称为 $f(x)$ 在 I 内的不定积分,记为 $\int f(x)\mathrm{d}x$,即

$$\int f(x)\mathrm{d}x = F(x)+C.$$

其中"$\int$"称为积分号,$f(x)$ 称为被积函数,$f(x)\mathrm{d}x$ 称为被积表达式,x 称为积分变量.

我们把求已知函数的全部原函数的方法称为不定积分法,简称积分法.显然,它是微分运算的逆运算.

例 1 求 $\int x^5\mathrm{d}x$.

解 由于 $(\frac{1}{6}x^6)' = x^5$,所以 $\frac{1}{6}x^6$ 是 x^5 的一个原函数,因此

$$\int x^5\mathrm{d}x = \frac{1}{6}x^6 + C.$$

例 2 求 $\int \frac{1}{1+x^2}\mathrm{d}x$.

解 因为 $(\arctan x)' = \frac{1}{1+x^2}$,所以

$$\int \frac{1}{1+x^2}\mathrm{d}x = \arctan x + C.$$

三、不定积分的性质

根据不定积分的定义,不定积分有以下性质:

性质 1 微分运算和积分运算互为逆运算.

(1) $\left[\int f(x)\mathrm{d}x\right]' = f(x)$ 或 $\mathrm{d}\left[\int f(x)\mathrm{d}x\right] = f(x)\mathrm{d}x$

(2) $\int F'(x)\mathrm{d}x = F(x)+C$ 或 $\int \mathrm{d}F(x) = F(x)+C.$

性质 2 两个函数代数和的积分,等于这两个函数积分的代数和.

$$\int [f(x)\pm g(x)]dx = \int f(x)dx \pm \int g(x)dx.$$

这一性质可推广到任意有限多个函数代数和的情形,即

$$\int [f_1(x)\pm f_2(x)\pm\cdots\pm f_n(x)]dx = \int f_1(x)dx \pm \int f_2(x)dx \pm\cdots\pm \int f_n(x)dx$$

性质 3 被积函数中的非零常数因子可提到积分号前.

$$\int kf(x)dx = k\int f(x)dx \qquad (k \text{ 是常数}, k\neq 0)$$

四、不定积分的几何意义

$f(x)$ 的一个原函数 $F(x)$ 的图形叫做 $f(x)$ 的一条积分曲线,其方程是 $y=F(x)$;而 $f(x)$ 的全部原函数是 $F(x)+C$,所有这些函数 $F(x)+C$ 的图形组成一个曲线族,即 $\int f(x)dx$ 在几何上表示一簇曲线,称为 $f(x)$ 的积分曲线族,其方程是 $y=F(x)+C$.这就是 $\int f(x)dx$ 的几何意义,如图 5-1 所示.其中任何一条积分曲线都可以通过其中某一条曲线沿 y 轴方向向上、下平移而得到.并且在每

图 5-1

条积分曲线上横坐标为 x 的点处作曲线的切线,所有切线的斜率都为 $f(x)$,这些切线是互相平行的.

例 3 求过点 $(1,0)$,斜率为 $2x$ 的曲线方程.

解 设曲线方程为 $y=f(x)$,则由题意得 $k=y'=2x$,由不定积分的定义得

$$y=\int 2xdx.$$

因为 $(x^2+C)'=2x$,所以 $y=\int 2xdx = x^2+C$.

$y=x^2+C$ 就是 $2x$ 的积分曲线族.将 $(1,0)$ 代入,得 $C=-1$,那么所求曲线为 $y=x^2-1$,这是 $2x$ 的一条积分曲线.

五、直接积分法

由于不定积分是求导数(或微分)的逆运算,因此根据导数的基本公式,可得相应的积分公式,表 5-1 列出不定积分的基本积分公式以及其对应的导数求导公式.

表 5-1

	导数公式	积分公式
1	$C'=0$	$\int 0\,\mathrm{d}x = C$
2	$(x)'=1$	$\int 1\,\mathrm{d}x = x + C$
3	$(x^{\alpha+1})'=(\alpha+1)x^{\alpha}$	$\int x^{\alpha}\,\mathrm{d}x = \dfrac{1}{\alpha+1}x^{\alpha+1} + C$
4	$(\ln x)'=\dfrac{1}{x}$	$\int \dfrac{1}{x}\,\mathrm{d}x = \ln|x| + C$
5	$(a^{x})'=a^{x}\ln a$	$\int a^{x}\,\mathrm{d}x = \dfrac{a^{x}}{\ln a} + C$
6	$(\mathrm{e}^{x})'=\mathrm{e}^{x}$	$\int \mathrm{e}^{x}\,\mathrm{d}x = \mathrm{e}^{x} + C$
7	$(\cos x)'=-\sin x$	$\int \sin x\,\mathrm{d}x = -\cos x + C$
8	$(\sin x)'=\cos x$	$\int \cos x\,\mathrm{d}x = \sin x + C$
9	$(\tan x)'=\sec^{2}x=\dfrac{1}{\cos^{2}x}$	$\int \sec^{2}x\,\mathrm{d}x = \tan x + C$
10	$(\cot x)'=-\csc^{2}x=-\dfrac{1}{\sin^{2}x}$	$\int \csc^{2}x\,\mathrm{d}x = -\cot x + C$
11	$(\sec x)'=\sec x\tan x$	$\int \sec x\tan x\,\mathrm{d}x = \sec x + C$
12	$(\csc x)'=-\csc x\cot x$	$\int \csc x\cot x\,\mathrm{d}x = -\csc x + C$
13	$(\arcsin x)'=\dfrac{1}{\sqrt{1-x^{2}}}$	$\int \dfrac{1}{\sqrt{1-x^{2}}}\,\mathrm{d}x = \arcsin x + C$
14	$(\arctan x)'=\dfrac{1}{1+x^{2}}$	$\int \dfrac{1}{1+x^{2}}\,\mathrm{d}x = \arctan x + C$

上面表中的公式是计算不定积分的基础,必须熟记. 在上述公式的基础上,再

对被积函数进行适当的恒等变形,就可以求一些不定积分,这种方法称为直接积分法.

例 4 求 $\int \left(\dfrac{1}{x^3} - 3\cos x + \dfrac{1}{x} \right) \mathrm{d}x$.

解 $\int \left(\dfrac{1}{x^3} - 3\cos x + \dfrac{1}{x} \right) \mathrm{d}x = \int \dfrac{1}{x^3}\mathrm{d}x - \int 3\cos x\,\mathrm{d}x + \int \dfrac{1}{x}\,\mathrm{d}x$

$$= \int x^{-3}\mathrm{d}x - 3\int \cos x\,\mathrm{d}x + \int \dfrac{1}{x}\,\mathrm{d}x$$

$$= -\dfrac{1}{2}x^{-2} - 3\sin x + \ln|x| + C.$$

例 5 求 $\int \dfrac{3x^2}{1+x^2}\,\mathrm{d}x$.

解 $\int \dfrac{3x^2}{1+x^2}\,\mathrm{d}x = 3\int \dfrac{1+x^2-1}{1+x^2}\mathrm{d}x = 3\left(\int \mathrm{d}x - \int \dfrac{1}{1+x^2}\mathrm{d}x \right)$

$$= 3x - 3\arctan x + C.$$

例 6 求 $\int \dfrac{1}{x^2(1+x^2)}\,\mathrm{d}x$.

解 $\int \dfrac{1}{x^2(1+x^2)}\,\mathrm{d}x = \int \dfrac{1+x^2-x^2}{x^2(1+x^2)}\,\mathrm{d}x = \int \left(\dfrac{1}{x^2} - \dfrac{1}{x^2+1} \right)\mathrm{d}x$

$$= \int \dfrac{1}{x^2}\mathrm{d}x - \int \dfrac{1}{x^2+1}\mathrm{d}x = -\dfrac{1}{x} - \arctan x + C.$$

例 7 求 $\int \cos^2 \dfrac{x}{2}\mathrm{d}x$.

解 $\int \cos^2 \dfrac{x}{2}\mathrm{d}x = \int \dfrac{1+\cos x}{2}\mathrm{d}x$

$$= \dfrac{1}{2}\int \mathrm{d}x + \dfrac{1}{2}\int \cos x\mathrm{d}x = \dfrac{1}{2}x + \dfrac{1}{2}\sin x + C.$$

例 8 求 $\int \dfrac{\cos 2x}{\sin^2 x \cos^2 x}\mathrm{d}x$.

解 $\int \dfrac{\cos 2x}{\sin^2 x \cos^2 x}\mathrm{d}x = \int \dfrac{\cos^2 x - \sin^2 x}{\sin^2 x \cos^2 x}\,\mathrm{d}x$

$$= \int \dfrac{1}{\sin^2 x}\mathrm{d}x - \int \dfrac{1}{\cos^2 x}\mathrm{d}x$$

$$= -\cot x - \tan x + C.$$

例 9 求 $\int \tan^2 x\mathrm{d}x$.

解 $\int \tan^2 x\mathrm{d}x = \int (\sec^2 x - 1)\mathrm{d}x = \tan x - x + C.$

习题 5-1

1. 求下列不定积分：

(1) $\int x^2 \sqrt{x}\, \mathrm{d}x$；

(2) $\int \dfrac{1-x}{\sqrt[3]{x}}\mathrm{d}x$；

(3) $\int (\dfrac{1}{x}+2^x\mathrm{e}^x+\dfrac{1}{\cos^2 x})\mathrm{d}x$；

(4) $\int \dfrac{x^2+\sqrt{x^3}+3}{\sqrt{x}}\mathrm{d}x$；

(5) $\int \dfrac{x^2}{1+x^2}\mathrm{d}x$；

(6) $\int (10^x+\cot^2 x)\mathrm{d}x$；

(7) $\int \dfrac{6^x-2^x}{3^x}\mathrm{d}x$；

(8) $\int \dfrac{1}{\sin^2 x \cdot \cos^2 x}\mathrm{d}x$；

(9) $\int \sec x(\sec x-\tan x)\mathrm{d}x$；

(10) $\int \sin^2 \dfrac{x}{2}\mathrm{d}x$；

(11) $\int \dfrac{\cos 2x}{\cos x-\sin x}\mathrm{d}x$；

(12) $\int \dfrac{\mathrm{e}^{2x}-1}{\mathrm{e}^x+1}\mathrm{d}x$；

(13) $\int \dfrac{1}{1+\cos 2x}\mathrm{d}x$；

(14) $\int \dfrac{-2}{\sqrt{1-x^2}}\mathrm{d}x$.

2. 设物体以速度 $v=2\cos t$ 做直线运动，开始时质点的位移为 s_0，求质点的运动方程.

3. 曲线 $y=f(x)$ 在点 (x,y) 处的切线斜率为 $-x+2$，曲线过点 $(2,5)$，求此曲线的方程.

§5-2 换元积分法

能用直接积分法计算的不定积分是非常有限的. 因此我们有必要进一步研究新的积分方法. 从这节开始我们会陆续介绍几种求不定积分的方法：换元积分法和分部积分法.

换元积分法就是通过适当的选择变量替换，可以把某些不定积分化为基本积分公式进行积分计算. 换元积分法通常分为两类：第一类换元积分法和第二类换元积分法.

一、第一类换元积分法

引例 1 求 $\int \mathrm{e}^{2x}\mathrm{d}x$.

这个积分不能直接用公式 $\int e^x dx = e^x + C$ 来求,为能套用公式,将积分做如下变化.

$$\int e^{2x} dx \xrightarrow{\text{变换积分}} \frac{1}{2} \int e^{2x} (2x)' dx \xrightarrow{\text{凑微分}} \frac{1}{2} \int e^{2x} d(2x)$$

$$\xrightarrow{\text{令 } 2x = u} \frac{1}{2} \int e^u d(u) \xrightarrow{\text{由公式求积分}} \frac{1}{2} e^u + C$$

$$\xrightarrow{\text{回代 } u = 2x} \frac{1}{2} e^{2x} + C$$

由于 $\left(\frac{1}{2} e^{2x} + C\right)' = \frac{1}{2} e^{2x} \cdot (2x)' = e^{2x}$,所以上述结果是正确的.

引例 1 就是利用了第一类换元积分法.

一般地,有下面定理:

定理 3 如果 $\int f(u) du = F(u) + C$,且 $u = \varphi(x)$ 有连续导数,则

$$\int g(x) dx \xrightarrow{\text{变换积分}} \int f[\varphi(x)] \varphi'(x) dx \xrightarrow{\text{凑微分}} \int f[\varphi(x)] d\varphi(x)$$

$$\xrightarrow{\text{令 } \varphi(x) = u} \int f(u) du \xrightarrow{\text{由公式求积分}} F(u) + C$$

$$\xrightarrow{\text{回代 } u = \varphi(x)} F[\varphi(x)] + C.$$

这种先"凑"微分式,再做变量代换的积分方法,称为**第一类换元积分法**.上式中由 $\varphi'(x) dx$ 凑成微分 $d\varphi(x)$ 是关键的一步,因此也称为凑微分法.

例 1 求 $\int \dfrac{1}{4+3x} dx$.

解 $\int \dfrac{1}{4+3x} dx = \dfrac{1}{3} \int \dfrac{1}{4+3x} (4+3x)' dx = \dfrac{1}{3} \int \dfrac{1}{4+3x} d(4+3x)$

$$\xrightarrow{\text{令 } 4+3x = u} \dfrac{1}{3} \int \dfrac{1}{u} du = \dfrac{1}{3} \ln|u| + C$$

$$\xrightarrow{\text{回代 } u = 4+3x} \dfrac{1}{3} \ln|4+3x| + C.$$

例 2 求 $\int (2x+1)^3 dx$.

解 $\int (2x+1)^3 dx = \dfrac{1}{2} \int (2x+1)^3 (2x+1)' dx = \dfrac{1}{2} \int (2x+1)^3 d(2x+1)$

$$\xrightarrow{\text{令 } 2x+1 = u} \dfrac{1}{2} \int u^3 du = \dfrac{1}{8} u^4 + C$$

$$\xrightarrow{\text{回代 } u = 2x+1} \dfrac{1}{8} (2x+1)^4 + C.$$

注意,在十分熟练后不必写出新变量 u,直接写出结果.

例 3 求 $\displaystyle\int \sin\frac{x}{3}\mathrm{d}x$.

解 $\displaystyle\int \sin\frac{x}{3}\mathrm{d}x = 3\int \sin\frac{x}{3}\mathrm{d}(\frac{x}{3}) = -3\cos\frac{x}{3}+C.$

例 4 求 $\displaystyle\int x\mathrm{e}^{-x^2}\mathrm{d}x$.

解 $\displaystyle\int x\mathrm{e}^{-x^2}\mathrm{d}x = -\frac{1}{2}\int \mathrm{e}^{-x^2}\mathrm{d}(-x^2) = -\frac{1}{2}\mathrm{e}^{-x^2}+C.$

例 5 求 $\displaystyle\int \frac{1}{\sqrt{a^2-x^2}}\mathrm{d}x.$

解 $\displaystyle\int \frac{1}{\sqrt{a^2-x^2}}\mathrm{d}x = \int \frac{1}{\sqrt{1-(\frac{x}{a})^2}}\mathrm{d}(\frac{x}{a}) = \arcsin\frac{x}{a}+C.$

例 6 求 $\displaystyle\int \frac{1}{a^2+x^2}\mathrm{d}x.$

解 $\displaystyle\int \frac{1}{a^2+x^2}\mathrm{d}x = \frac{1}{a}\int \frac{1}{1+(\frac{x}{a})^2}\mathrm{d}(\frac{x}{a}) = \frac{1}{a}\arctan\frac{x}{a}+C.$

例 7 求 $\displaystyle\int \frac{1}{x^2-a^2}\mathrm{d}x.$

解 $\displaystyle\int \frac{1}{x^2-a^2}\mathrm{d}x = \frac{1}{2a}\int (\frac{1}{x-a}-\frac{1}{x+a})\mathrm{d}x$

$$= \frac{1}{2a}[\ln|x-a|-\ln|x+a|]+C$$

$$= \frac{1}{2a}\ln\left|\frac{x-a}{x+a}\right|+C.$$

类似地,可得 $\displaystyle\int \frac{1}{a^2-x^2}\mathrm{d}x = \frac{1}{2a}\ln\left|\frac{a+x}{a-x}\right|+C.$

例 8 求 $\displaystyle\int \frac{\cos\sqrt{x}}{\sqrt{x}}\mathrm{d}x.$

解 $\displaystyle\int \frac{\cos\sqrt{x}}{\sqrt{x}}\mathrm{d}x = 2\int \cos\sqrt{x}\,\mathrm{d}(\sqrt{x}) = 2\sin\sqrt{x}+C.$

例 9 求 $\displaystyle\int \tan x\,\mathrm{d}x.$

解 $\displaystyle\int \tan x\,\mathrm{d}x = \int \frac{\sin x}{\cos x}\mathrm{d}x = -\int \frac{\mathrm{d}(\cos x)}{\cos x}$

$$= -\ln|\cos x|+C.$$

类似地,可得 $\displaystyle\int \cot x \mathrm{d}x = \ln|\sin x| + C.$

例 10 求 $\displaystyle\int \csc x\ \mathrm{d}x.$

解 $\displaystyle\int \csc x\ \mathrm{d}x = \int \frac{1}{\sin x}\mathrm{d}x = \int \frac{1}{2\sin \dfrac{x}{2}\cos \dfrac{x}{2}}\ \mathrm{d}x = \int \frac{\mathrm{d}\left(\dfrac{x}{2}\right)}{\tan \dfrac{x}{2}\cos^2 \dfrac{x}{2}}$

$$= \int \frac{\sec^2 \dfrac{x}{2}\mathrm{d}\left(\dfrac{x}{2}\right)}{\tan \dfrac{x}{2}} = \int \frac{\mathrm{d}\left(\tan \dfrac{x}{2}\right)}{\tan \dfrac{x}{2}} = \ln\left|\tan \dfrac{x}{2}\right| + C.$$

因为 $\displaystyle\tan \frac{x}{2} = \frac{\sin \dfrac{x}{2}}{\cos \dfrac{x}{2}} = \frac{2\sin^2 \dfrac{x}{2}}{\sin x} = \frac{1-\cos x}{\sin x} = \csc x - \cot x.$

所以 $\displaystyle\int \csc x\ \mathrm{d}x = \ln|\csc x - \cot x| + C.$

类似地,可得 $\displaystyle\int \sec x \mathrm{d}x = \ln|\sec x + \tan x| + C.$

例 11 求 $\displaystyle\int \sin^2 x \cdot \cos x \mathrm{d}x.$

解 $\displaystyle\int \sin^2 x \cdot \cos x \mathrm{d}x = \int \sin^2 x \cdot (\sin x)' \mathrm{d}x$

$$= \int \sin^2 x \mathrm{d}(\sin x) = \frac{1}{3}\sin^3 x + C.$$

例 12 求 $\displaystyle\int \tan^5 x \cdot \sec^3 x \mathrm{d}x.$

解 $\displaystyle\int \tan^5 x \cdot \sec^3 x \mathrm{d}x = \int \tan^4 x \cdot \sec^2 x \cdot \sec x \cdot \tan x \mathrm{d}x$

$$= \int (\sec^2 x - 1)^2 \cdot \sec^2 x \mathrm{d}(\sec x)$$

$$= \int (\sec^6 x - 2\sec^4 x + \sec^2 x) \mathrm{d}(\sec x)$$

$$= \frac{1}{7}\sec^7 x - \frac{2}{5}\sec^5 x + \frac{1}{3}\sec^3 x + C.$$

二、第二类换元积分法

1. 根式代换

引例 2 求 $\displaystyle\int \frac{1}{1+\sqrt{x}}\ \mathrm{d}x.$

解 由于被积函数中含有根式 $\sqrt{x}$，用直接积分法和凑微分法难以求解．可通过换元去根式，化难为易．

令 $x=t^2\,(t>0)$，则 $\sqrt{x}=t$，$\mathrm{d}x=2t\mathrm{d}t$，于是

$$\int\frac{1}{1+\sqrt{x}}\mathrm{d}x=\int\frac{1}{1+t}\cdot 2t\,\mathrm{d}t=2\int\frac{(1+t)-1}{1+t}\,\mathrm{d}t=2\int\left(1-\frac{1}{1+t}\right)\mathrm{d}t$$

$$=2\left[\int\mathrm{d}t-\int\frac{1}{1+t}\mathrm{d}(1+t)\right]=2[t-\ln|1+t|]+C$$

$$=2[\sqrt{x}-\ln(1+\sqrt{x})]+C.$$

引例 2 就是利用了第二类换元积分法．

一般地，第二类换元积分法的具体解题步骤如下：

(1)换元，令 $x=\psi(t)$，即 $\displaystyle\int f(x)\mathrm{d}x=\int f[\psi(t)]\psi'(t)\mathrm{d}t$；

(2)积分，即 $\displaystyle\int f[\psi(t)]\psi'(t)\mathrm{d}t=F(t)+C$；

(3)回代，$F(t)+C=F(\bar{\psi}(x))+C.$

运用第二类换元积分法的关键是适当选择变量代换 $x=\psi(t)$．而 $x=\psi(t)$ 单调可导，且 $\psi'(t)\neq 0$．$x=\psi(t)$ 的反函数是 $\bar{\psi}(x)$．

例 13 求 $\displaystyle\int\frac{\mathrm{d}x}{\sqrt{x+1}+\sqrt[3]{x+1}}$.

解 为了同时消去两个异次根式，令 $x+1=t^6$，$\mathrm{d}x=6t^5\,\mathrm{d}t$，从而

$$\int\frac{\mathrm{d}x}{\sqrt{x+1}+\sqrt[3]{x+1}}=\int\frac{6t^5}{t^3+t^2}\mathrm{d}t=6\int\frac{t^3+1-1}{t+1}\mathrm{d}t$$

$$=6\int\left(t^2-t+1-\frac{1}{1+t}\right)\mathrm{d}t=6\left(\frac{1}{3}t^3-\frac{1}{2}t^2+t-\ln|1+t|\right)+C$$

$$=2\sqrt{x+1}-3\sqrt[3]{x+1}+\sqrt[6]{x+1}-6\ln|1+\sqrt[6]{x+1}|+C.$$

2. 三角代换

例 14 求 $\displaystyle\int\sqrt{a^2-x^2}\,\mathrm{d}x\ (a>0)$.

解 利用三角公式 $\sin^2 t+\cos^2 t=1$ 消去根式．

令 $x=a\sin t\left(-\dfrac{\pi}{2}<x<\dfrac{\pi}{2}\right)$，则 $\mathrm{d}x=a\cos t\mathrm{d}t$，$\sqrt{a^2-x^2}=a\cos t$，

从而

$$\int\sqrt{a^2-x^2}\,\mathrm{d}x=\int a\cos t\cdot a\cos t\mathrm{d}t=\int a^2\cos^2 t\mathrm{d}t$$

$$=a^2\int\frac{1+\cos 2t}{2}\mathrm{d}t=\frac{a^2}{2}\left(t+\frac{1}{2}\sin 2t\right)+C.$$

为了换回原积分变量,根据代换 $x=a\sin t$ 作辅助直角三角形,如图 5-2 所示,可知 $\cos t=\dfrac{\sqrt{a^2-x^2}}{a}$,$t=\arcsin\dfrac{x}{a}$,故

图 5-2

$$\int \sqrt{a^2-x^2}\,\mathrm{d}x=\frac{a^2}{2}(t+\sin t\cos t)+C$$
$$=\frac{a^2}{2}\arcsin\frac{x}{a}+\frac{x}{2}\sqrt{a^2-x^2}+C.$$

例 15 求 $\displaystyle\int \frac{1}{\sqrt{a^2+x^2}}\mathrm{d}x$ $(a>0)$.

解 利用三角公式 $1+\tan^2 t=\sec^2 t$ 消去根式.

令 $x=a\tan t$ $(-\dfrac{\pi}{2}<t<\dfrac{\pi}{2})$,则 $\mathrm{d}x=a\sec^2 t\,\mathrm{d}t$,$\sqrt{a^2+x^2}=a\sec t$,从而

$$\int \frac{1}{\sqrt{a^2+x^2}}\mathrm{d}x=\int \frac{a\sec^2 t}{a\sec t}\mathrm{d}t=\int \sec t\,\mathrm{d}t$$
$$=\ln|\sec t+\tan t|+C_1.$$

为了换回原积分变量,根据代换 $x=a\tan t$ 作辅助直角三角形,如图 5-3 所示,可知

图 5-3

$$\sec t=\frac{\sqrt{a^2+x^2}}{a}\ ,\quad \tan t=\frac{x}{a},\text{故}$$

$$\int \frac{1}{\sqrt{a^2+x^2}}\mathrm{d}x=\ln\left|\frac{\sqrt{a^2+x^2}}{a}+\frac{x}{a}\right|+C_1=\ln\left|x+\sqrt{a^2+x^2}\right|+C,$$

其中 $C=C_1-\ln a$.

例 16 求 $\displaystyle\int \frac{1}{\sqrt{x^2-a^2}}\mathrm{d}x$ $(a>0)$.

解 利用三角公式 $\sec^2 t-1=\tan^2 t$ 消去根式.

令 $x=a\sec t(0<t<\dfrac{\pi}{2})$,则 $\mathrm{d}x=a\sec t\cdot\tan t\,\mathrm{d}t$,$\sqrt{x^2-a^2}=a\tan t$,从而

$$\int \frac{1}{\sqrt{x^2-a^2}}\mathrm{d}x=\int \frac{a\sec t\cdot\tan t}{a\tan t}\mathrm{d}t=\int \sec t\,\mathrm{d}t=\ln|\sec t+\tan t|+C_1.$$

为了换回原积分变量,根据代换作辅助直角三角形,如图 5-4 所示,可知

$$\sec t=\frac{x}{a},\quad \tan t=\frac{\sqrt{x^2-a^2}}{a},\ \text{故}$$

$$\int \frac{1}{\sqrt{x^2-a^2}}\mathrm{d}x=\ln\left|\frac{x}{a}+\frac{\sqrt{x^2-a^2}}{a}\right|+C_1$$

$$=\ln|x+\sqrt{x^2-a^2}|+C,$$

其中 $C=C_1-\ln a$.

由上面 3 例可知，若被积函数含有根式 $\sqrt{a^2-x^2}$ 或 $\sqrt{a^2+x^2}$ 或 $\sqrt{x^2-a^2}$，则可利用代换 $x=a\sin t$ 或 $x=a\tan t$ 或 $x=a\sec t$ 消去根式，这种代换叫做三角代换.

图 5—4

可见，第一类换元积分法应先进行凑微分，然后再换元，换元过程可省略；而第二类换元积分法必须先进行换元，目的是把"根号"去掉，不可省略换元及回代过程.

现将本节举过的一些例子的结论作为前面积分公式的补充，以后可直接引用，归纳如下：

(1) $\displaystyle\int \tan x \mathrm{d}x=-\ln|\cos x|+C;$

(2) $\displaystyle\int \cot x \mathrm{d}x=\ln|\sin x|+C;$

(3) $\displaystyle\int \sec x \mathrm{d}x=\int \frac{\mathrm{d}x}{\cos x}=\ln|\sec x+\tan x|+C;$

(4) $\displaystyle\int \csc x \mathrm{d}x=\int \frac{\mathrm{d}x}{\sin x}=\ln|\csc x-\cot x|+C;$

(5) $\displaystyle\int \frac{1}{x^2+a^2}\mathrm{d}x=\frac{1}{a}\arctan\frac{x}{a}+C;$

(6) $\displaystyle\int \frac{1}{a^2-x^2}\mathrm{d}x=\frac{1}{2a}\ln\left|\frac{a+x}{a-x}\right|+C;$

(7) $\displaystyle\int \frac{1}{x^2-a^2}\mathrm{d}x=\frac{1}{2a}\ln\left|\frac{x-a}{x+a}\right|+C;$

(8) $\displaystyle\int \frac{\mathrm{d}x}{\sqrt{a^2-x^2}}=\arcsin\frac{x}{a}+C \quad (a>0);$

(9) $\displaystyle\int \sqrt{a^2-x^2}\mathrm{d}x=\frac{a^2}{2}\arcsin\frac{x}{a}+\frac{x}{2}\sqrt{a^2-x^2}+C \quad (a>0);$

(10) $\displaystyle\int \frac{\mathrm{d}x}{\sqrt{x^2\pm a^2}}=\ln\left|x+\sqrt{x^2\pm a^2}\right|+C.$

习题 5-2

1. 应用第一类换元积分法求下列不定积分：

(1) $\displaystyle\int \frac{1}{1-2x}\,\mathrm{d}x$；

(2) $\displaystyle\int \sqrt{2x-1}\,\mathrm{d}x$；

(3) $\displaystyle\int \mathrm{e}^{3x+1}\,\mathrm{d}x$；

(4) $\displaystyle\int \sin\frac{5x}{3}\,\mathrm{d}x$；

(5) $\displaystyle\int \cos(1-2x)\,\mathrm{d}x$；

(6) $\displaystyle\int \frac{1}{\cos^2 7x}\,\mathrm{d}x$；

(7) $\displaystyle\int \frac{x}{\sqrt{1-x^2}}\,\mathrm{d}x$；

(8) $\displaystyle\int \frac{\mathrm{e}^x}{1+\mathrm{e}^x}\,\mathrm{d}x$；

(9) $\displaystyle\int \frac{\ln^2 x}{x}\,\mathrm{d}x$；

(10) $\displaystyle\int \frac{x^2}{1+x^3}\,\mathrm{d}x$；

(11) $\displaystyle\int \sin^3 x\,\mathrm{d}x$；

(12) $\displaystyle\int \sec^6 x\,\mathrm{d}x$；

(13) $\displaystyle\int \sin^2 x\cos^5 x\,\mathrm{d}x$；

(14) $\displaystyle\int \frac{\mathrm{e}^{2x}}{1+\mathrm{e}^{2x}}\,\mathrm{d}x$；

(15) $\displaystyle\int \frac{(\arctan x)^2}{1+x^2}\,\mathrm{d}x$；

(16) $\displaystyle\int \frac{\sin\sqrt{x}}{\sqrt{x}}\,\mathrm{d}x$.

2. 应用第二类换元积分法求下列不定积分：

(1) $\displaystyle\int \frac{\sqrt{x-1}}{x}\,\mathrm{d}x$；

(2) $\displaystyle\int \frac{1}{\sqrt{2x-3}+1}\,\mathrm{d}x$；

(3) $\displaystyle\int \frac{1}{\sqrt{x}+\sqrt[3]{x}}\,\mathrm{d}x$；

(4) $\displaystyle\int \frac{x+1}{\sqrt[3]{3x+1}}\,\mathrm{d}x$；

(5) $\displaystyle\int \frac{x^2}{\sqrt{4-x^2}}\,\mathrm{d}x$；

(6) $\displaystyle\int \frac{\sqrt{x^2-2}}{x}\,\mathrm{d}x$.

§5-3　分部积分法

前面我们介绍了直接积分法和换元积分法，但对于某些不定积分，用前面介绍的方法往往不能奏效．为此，本节将利用两个函数乘积的微分法则，来推得另一种求积分的基本方法——分部积分法．分部积分法常用于被积数是两种不同类型函数乘积的积分．例如：$\displaystyle\int x\cos x\,\mathrm{d}x$ 、$\displaystyle\int x\mathrm{e}^x\,\mathrm{d}x$、$\displaystyle\int x^2\ln x\,\mathrm{d}x$ 等．

设函数 $u=u(x)$、$v=v(x)$ 均可微，根据两个函数乘积的微分法则，有

$$\mathrm{d}(uv)=v\mathrm{d}u+u\mathrm{d}v$$

移项得

$$u\mathrm{d}v=\mathrm{d}(uv)-v\mathrm{d}u$$

两边积分得

$$\int u\mathrm{d}v=\int \mathrm{d}(uv)-\int v\mathrm{d}u=uv-\int v\mathrm{d}u$$

即
$$\int u\mathrm{d}v = uv - \int v\mathrm{d}u.$$

上式叫做不定积分的分部积分公式.

我们先通过一个例子来说明如何使用分部积分公式

例1 求积分 $\int x\mathrm{e}^x\mathrm{d}x$.

解 选取 $u=x, \mathrm{d}v=\mathrm{e}^x\mathrm{d}x=\mathrm{d}(\mathrm{e}^x), v=\mathrm{e}^x, \mathrm{d}u=\mathrm{d}x$,则

$$\int x\mathrm{e}^x\mathrm{d}x = \int x\mathrm{d}(\mathrm{e}^x) = x\mathrm{e}^x - \int \mathrm{e}^x\mathrm{d}x$$
$$= x\mathrm{e}^x - \mathrm{e}^x + C = \mathrm{e}^x(x-1) + C.$$

如果选取 $u=\mathrm{e}^x, \mathrm{d}v=x\mathrm{d}x=\mathrm{d}(\dfrac{x^2}{2}), v=\dfrac{1}{2}x^2, \mathrm{d}u=\mathrm{d}(\mathrm{e}^x)=\mathrm{e}^x\mathrm{d}x$,则

$$\int x\mathrm{e}^x\mathrm{d}x = \int \mathrm{e}^x\mathrm{d}\left(\dfrac{x^2}{2}\right) = \dfrac{1}{2}x^2\mathrm{e}^x - \int \dfrac{1}{2}x^2\mathrm{e}^x\mathrm{d}x.$$

上式右边的积分 $\int \dfrac{1}{2}x^2\mathrm{e}^x\mathrm{d}x$ 比左边的积分 $\int x\mathrm{e}^x\mathrm{d}x$ 更不易求出.

由此可见,u 和 $\mathrm{d}v$ 的选择不当,就求不出结果. 所以在用分部积分法求积分时,关键是在于恰当地选取 u 和 $\mathrm{d}v$,选取 u 和 $\mathrm{d}v$ 一般要考虑以下两点:

(1)将被积式凑成 $u\mathrm{d}v$ 的形式时,v 要容易求得.

(2)$\int v\mathrm{d}u$ 要比 $\int u\mathrm{d}v$ 容易积出.

熟练后选取 u 和 $\mathrm{d}v$ 的过程不必写出. 可通过凑微分,将积分 $\int f(x)g(x)\mathrm{d}x$ 凑成 $\int u\mathrm{d}v$ 的形式,然后应用公式.应用公式后,须将积分写成 $\int vu'\mathrm{d}x$,以便进一步计算积分,即

$$\int uv'\mathrm{d}x = \int u\mathrm{d}v = uv - \int v\mathrm{d}u = uv - \int vu'\mathrm{d}x.$$

例2 求积分 $\int x^2\sin x\mathrm{d}x$.

解
$$\int x^2\sin x\mathrm{d}x = \int x^2\mathrm{d}(-\cos x) = -x^2\cos x - \int (-\cos x)\mathrm{d}(x^2)$$
$$= -x^2\cos x + \int \cos x \cdot 2x\mathrm{d}x = -x^2\cos x + \int 2x\cos x\mathrm{d}x$$
$$= -x^2\cos x + 2\int x\mathrm{d}(\sin x) = -x^2\cos x + 2x\sin x - 2\int \sin x\mathrm{d}x$$
$$= -x^2\cos x + 2x\sin x + 2\cos x + C.$$

注意 有些积分需要连续使用分部积分法,才能求出积分结果.

例 3 求积分 $\int x\arctan x \mathrm{d}x$.

解 令 $u=\arctan x$，$\mathrm{d}v=x\mathrm{d}x=\mathrm{d}(\frac{1}{2}x^2)$，$v=\frac{x^2}{2}$，$\mathrm{d}u=\frac{1}{1+x^2}\mathrm{d}x$

$$\int x\arctan x\mathrm{d}x = \int \arctan x \cdot x\mathrm{d}x = \int \arctan x\mathrm{d}(\frac{x^2}{2})$$

$$=\frac{x^2}{2}\arctan x - \int \frac{x^2}{2}\mathrm{d}(\arctan x)$$

$$=\frac{x^2}{2}\arctan x - \frac{1}{2}\int \frac{x^2}{1+x^2}\mathrm{d}x$$

$$=\frac{x^2}{2}\arctan x - \frac{1}{2}\int \frac{(1+x^2)-1}{1+x^2}\mathrm{d}x$$

$$=\frac{x^2}{2}\arctan x - \frac{1}{2}\int \left(1-\frac{1}{1+x^2}\right)\mathrm{d}x$$

$$=\frac{x^2}{2}\arctan x - \frac{x}{2} + \frac{1}{2}\arctan x + C.$$

例 4 求积分 $\int \ln x\mathrm{d}x$.

解 $\int \ln x\mathrm{d}x = x\ln x - \int x\mathrm{d}(\ln x) = x\ln x - \int x \cdot \frac{1}{x}\mathrm{d}x$

$$=x\ln x - \int \mathrm{d}x = x\ln x - x + C.$$

例 5 求积分 $\int \mathrm{e}^x \sin x\mathrm{d}x$.

解 令 $u=\mathrm{e}^x$，$\mathrm{d}v=\sin x\mathrm{d}x=\mathrm{d}(-\cos x)$，$v=-\cos x$，$\mathrm{d}u=\mathrm{e}^x\mathrm{d}x$，则

$$\int \mathrm{e}^x\sin x\mathrm{d}x = -\mathrm{e}^x\cos x + \int \mathrm{e}^x\cos x\mathrm{d}x$$

而 $\int \mathrm{e}^x\cos x\mathrm{d}x = \int \mathrm{e}^x\mathrm{d}\sin x = \mathrm{e}^x\sin x - \int \mathrm{e}^x\sin x\mathrm{d}x$

于是 $\int \mathrm{e}^x\sin x\mathrm{d}x = -\mathrm{e}^x\cos x + \mathrm{e}^x\sin x - \int \mathrm{e}^x\sin x\mathrm{d}x$

上式右端出现原积分，将此项移到左端，再两端同除以 2，得

$$\int \mathrm{e}^x\sin x\mathrm{d}x = \frac{1}{2}\mathrm{e}^x(\sin x - \cos x) + C.$$

注意 (1)实际上，按照"反—对—幂—指—三"的顺序来选择 u 和 $\mathrm{d}v$ 即可. 当被积表达式是上面五种基本初等函数的乘积时，在顺序前面的当 u，在顺序后面的与 $\mathrm{d}x$ 凑成 $\mathrm{d}v$.

(2)例 5 中，两个函数选取哪个为 u 都可以，但一经选定，再次分部积分时，必须按照原来的选择.

习题 5-3

求下列函数的积分:

(1) $\int x^2 e^x dx$;

(2) $\int x\ln x dx$;

(3) $\int x\cos x dx$;

(4) $\int \arcsin x dx$;

(5) $\int x e^{-x} dx$;

(6) $\int \dfrac{\ln x}{x^2} dx$;

(7) $\int e^{-x}\cos x dx$;

(8) $\int x\sin x\cos x dx$;

(9) $\int x\ln(x-1)dx$;

(10) $\int x\tan^2 x dx$.

§5-4 简单有理函数的积分

有理函数是指两个多项式之商的函数,即

$$\frac{P(x)}{Q(x)}=\frac{b_m x^m+b_{m-1}x^{m-1}+\cdots+b_1 x+b_0}{a_n x^n+a_{n-1}x^{n-1}+\cdots+a_1 x+a_0} \quad (a_n\neq0,b_m\neq0)$$

其中 m,n 是非负整数,并且假定 $P(x)$ 与 $Q(x)$ 之间没有公因子. 若 $m<n$,则称 $\dfrac{P(x)}{Q(x)}$ 为有理真分式;若 $m>n$,则称 $\dfrac{P(x)}{Q(x)}$ 为有理假分式.

任何假分式都可以通过多项式除法化成一个多项式和一个有理真分式的和的形式.

例如:

$$\frac{x^3}{x-1}=x^2+x+1+\frac{1}{x-1}.$$

有理函数的积分就是多项式和真分式的积分,多项式的积分是很容易求出的,因此只需讨论真分式的积分法.

由代数学我们知道,n 次实系数多项式 $Q(x)$ 在实数范围内总可以分解成一次因子(可能有重因式)与二次质因式的乘积,然后就可以把真分式按分母的因式,分解成若干个简单分式之和.

(1)当 $Q(x)$ 含有一次因子 $(x-a)$ 时,分解后对应有形如 $\dfrac{A}{x-a}$ 的部分分式,其

中 A 为待定常数;

(2)当 $Q(x)$ 含有 k 重一次因式 $(x-a)^k$ 时,分解后有下列 k 个部分分式之和:

$$\frac{P(x)}{Q(x)} = \frac{A_1}{(x-a)^k} + \frac{A_2}{(x-a)^{k-1}} + \cdots + \frac{A_k}{x-a},$$

其中 $A_1, A_2, \cdots\cdots, A_k$ 为待定常数;

(3)当 $Q(x)$ 含有质因式 $x^2+px+q\,(p^2-4q<0)$ 时,分解后对应有形如 $\frac{Bx+C}{x^2+px+q}$ 的部分分式,其中 B, C 为待定常数;

(4)当 $Q(x)$ 含有质因式 $(x^2+px+q)^s\,(p^2-4q<0)$ 时,这种情况积分过于复杂,在此不讨论;

(5)当 $Q(x)$ 既有因式 $(x-a)^k$ 又有质因式 x^2+px+q 时,分解后有下列 $k+1$ 个部分分式之和:

$$\frac{P(x)}{Q(x)} = \frac{A_1}{(x-a)^k} + \frac{A_2}{(x-a)^{k-1}} + \cdots + \frac{A_k}{x-a} + \frac{Bx+C}{x^2+px+q}.$$

例如:

$$\frac{2x+3}{(x-1)^2(x^2+x+2)} = \frac{A_1}{(x-1)^2} + \frac{A_2}{x-1} + \frac{Bx+C}{x^2+x+2}.$$

真分式经过上面的分解后,它的积分就容易求出了.

例 1 $\displaystyle\int \frac{x-1}{x(x+2)}\,\mathrm{d}x.$

解 由于 $\displaystyle\frac{x-1}{x(x+2)} = \frac{A}{x} + \frac{B}{x+2}$

去分母,得 $\qquad x-1 = A(x+2) + Bx$

合并同类项,得 $\qquad x-1 = (A+B)x + 2A$

比较两端同次幂的系数,得方程组

$$\begin{cases} A+B=1 \\ 2A=-1 \end{cases}, \text{解得} \begin{cases} A=-\dfrac{1}{2} \\ B=\dfrac{3}{2} \end{cases}$$

于是 $\qquad \displaystyle\frac{x-1}{x(x+2)} = \frac{1}{2}\left(-\frac{1}{x} + \frac{3}{x+2}\right)$

所以

$$\int \frac{x-1}{x(x+2)}\,\mathrm{d}x = \frac{1}{2}\int\left(-\frac{1}{x} + \frac{3}{x+2}\right)\mathrm{d}x$$

$$= \frac{1}{2}\left(-\ln|x| + 3\ln|x+2|\right) + C.$$

例 2 $\displaystyle\int \frac{5x+4}{x^3+4x^2+4x}\,\mathrm{d}x.$

解 由于

$$\frac{5x+4}{x^3+4x^2+4x}=\frac{5x+4}{x(x+2)^2}=\frac{A}{x}+\frac{B}{x+2}+\frac{C}{(x+2)^2}$$

去分母,得 $5x+4=A(x+2)^2+Bx(x+2)+Cx$

合并同类项,得 $5x+4=(A+B)x^2+(4A+2B+C)x+4A$

比较两端同次幂的系数,得方程组

$$\begin{cases}A+B=0\\4A+2B+C=5\\4A=4\end{cases}, \text{解得}\begin{cases}A=1\\B=-1\\C=3\end{cases}$$

于是 $\displaystyle\frac{5x+4}{x^3+4x^2+4x}=\frac{1}{x}+\frac{-1}{x+2}+\frac{3}{(x+2)^2}$

所以

$$\int \frac{5x+4}{x^3+4x^2+4x}\,\mathrm{d}x=\int \frac{1}{x}+\frac{-1}{x+2}+\frac{3}{(x+2)^2}\,\mathrm{d}x$$

$$=\ln|x|-\ln|x+2|-\frac{3}{x+2}+C$$

$$=\ln\left|\frac{x}{x+2}\right|-\frac{3}{x+2}+C.$$

例 3 $\displaystyle\int \frac{x^2}{(x+2)(x^2+2x+2)}\,\mathrm{d}x.$

解 因为 x^2+2x+2 为质因式,所以设

$$\frac{x^2}{(x+2)(x^2+2x+2)}=\frac{A}{x+2}+\frac{Bx+C}{x^2+2x+2}$$

易求得 $A=2,B=-1,C=-2$

于是 $\displaystyle\int \frac{x^2}{(x+2)(x^2+2x+2)}\,\mathrm{d}x=\int \frac{2}{x+2}+\frac{-x-2}{x^2+2x+2}\,\mathrm{d}x$

$$=\int \frac{2}{x+2}\,\mathrm{d}x+\int \frac{-x-2}{x^2+2x+2}\,\mathrm{d}x$$

$$=2\ln|x+2|-\frac{1}{2}\int \frac{2x+4}{x^2+2x+2}\,\mathrm{d}x$$

$$=2\ln|x+2|-\frac{1}{2}\int \frac{\mathrm{d}(x^2+2x+2)}{x^2+2x+2}-\int \frac{\mathrm{d}(x+1)}{(x+1)^2+1}$$

$$=2\ln|x+2|-\frac{1}{2}\ln|x^2+2x+2|-\arctan(x+1)+C.$$

例 4 求 $\displaystyle\int \frac{x^5+x-1}{x^3-x}\,\mathrm{d}x.$

解 由于
$$\frac{x^5+x-1}{x^3-x}=x^2+1+\frac{2x-1}{x^3-x}$$

而真分式 $\dfrac{2x-1}{x^3-x}=\dfrac{2x-1}{x(x-1)(x+1)}=\dfrac{A}{x}+\dfrac{B}{x-1}+\dfrac{C}{x+1}$

去分母,得
$$2x-1=A(x^2-1)+Bx(x+1)+Cx(x-1)$$

合并同类项,得
$$2x-1=(A+B+C)x^2+(B-C)x-A$$

比较两端同次幂的系数,得方程组

$$\begin{cases} A+B+C=0 \\ B-C=2 \\ -A=-1 \end{cases}, \qquad 解得 \begin{cases} A=1 \\ B=\dfrac{1}{2} \\ C=-\dfrac{3}{2} \end{cases}$$

于是
$$\frac{2x-1}{x^3-x}=\frac{1}{x}+\frac{1}{2(x-1)}-\frac{3}{2(x+1)}$$

所以
$$\int\frac{x^5+x-1}{x^3-x}\mathrm{d}x=\int\Big[x^2+1+\frac{1}{x}+\frac{1}{2(x-1)}-\frac{3}{2(x+1)}\Big]\mathrm{d}x$$

$$=\frac{1}{3}x^3+x+\ln|x|+\ln\sqrt{x-1}-\ln\big|(x+1)\sqrt{x+1}\big|+C$$

$$=\frac{1}{3}x^3+x+\ln\left|\frac{x}{x+1}\sqrt{\frac{x-1}{x+1}}\right|+C.$$

习题 5-4

求下列函数的积分:

(1) $\displaystyle\int\frac{1}{x^2+5x+6}\mathrm{d}x$;

(2) $\displaystyle\int\frac{5x-3}{x^2-6x-7}\mathrm{d}x$;

(3) $\displaystyle\int\frac{2x}{(x+1)^2(x-1)}\mathrm{d}x$;

(4) $\displaystyle\int\frac{2x^2-3x-3}{(x-1)(x^2-2x+5)}\mathrm{d}x$;

(5) $\displaystyle\int\frac{2x+3}{x^2+2x+2}\mathrm{d}x$;

(6) $\displaystyle\int\frac{x^3-4x^2+2x+9}{x^2-5x+6}\mathrm{d}x$.

本章小结

一、基本概念

1. 原函数

若 $F'(x)=f(x)$(或 $\mathrm{d}F(x)=f(x)\mathrm{d}x$),则称 $F(x)$ 为 $f(x)$ 在区间 I 上的一个原函数.

2. 不定积分

称 $f(x)$ 的全体原函数 $F(x)+C$(C 为任意常数)为 $f(x)$ 在 I 内的不定积分,即

$$\int f(x)\mathrm{d}x=F(x)+C.$$

二、基本公式

1. 微分运算和积分运算互为逆运算

(1)$\left[\int f(x)\mathrm{d}x\right]'=f(x)$ 或 $\mathrm{d}\left[\int f(x)\mathrm{d}x\right]=f(x)\mathrm{d}x$;

(2)$\int F'(x)\mathrm{d}x=F(x)+C$ 或 $\int \mathrm{d}F(x)=F(x)+C$.

2. 运算法则

(1)$\int[f(x)\pm g(x)]\mathrm{d}x=\int f(x)\mathrm{d}x\pm\int g(x)\mathrm{d}x$;

(2)$\int kf(x)\mathrm{d}x=k\int f(x)\mathrm{d}x$($k$ 为常数).

3. 积分的 14 个基本公式:见表 5-1

三、基本积分法

1. 直接积分法

直接运用性质和公式进行积分,常常对被积函数进行适当的恒等变形.

2. 第一换元积分法

$$\int g(x)\mathrm{d}x\xrightarrow{\text{拆成}}\int f[\varphi(x)]\varphi'(x)\mathrm{d}x\xrightarrow{\text{凑成}}\int f[\varphi(x)]\mathrm{d}\varphi(x)$$

$$\xrightarrow{\text{令}\,u=\varphi(x)}\int f(u)\mathrm{d}u=F(u)+C\xrightarrow{\text{回代}\,u=\varphi(x)}F[\varphi(x)]+C.$$

3. 第二换元积分法

$$\int f(x)\mathrm{d}x\xrightarrow{\text{令}\,x=\psi(t)}\int f[\psi(t)]\,\psi'(t)\mathrm{d}t=F(t)+C\xrightarrow{t=\bar{\psi}(x)}F[\bar{\psi}(x)]+C.$$

4. 分部积分法

$$\int u\mathrm{d}v=uv-\int v\mathrm{d}u.$$

测试题五

一、填空题

1. $d(\int \dfrac{x}{1+\ln x} dx) = $ _____ .

2. 已知 $f'(x) = x + \ln x$，则 $f(x) = $ _____ .

3. 若 $\int f(x) dx = 2\sin \dfrac{x}{2} + C$，则 $f(x) = $ _____ .

4. $\int \dfrac{x}{x^2+2} dx = $ _____ .

5. $\int \dfrac{1}{x^2} f'(\dfrac{1}{x}) dx = $ _____ .

二、选择题

1. 设 $f(x) = e^{-x}$，则不定积分 $\int f(2x) dx = ($ $)$.

   A. $2e^{-2x} + C$ B. $e^{-2x} + C$

   C. $\dfrac{1}{2} e^{2x} + C$ D. $-\dfrac{1}{2} e^{-2x} + C$

2. 求 $\int \dfrac{\sqrt{x^2-a^2}}{x} dx (a>0)$ 时，令 $x = a\sec t$，则与此被积函数相同的是($ $).

   A. $\int a^2 \tan^2 t dt$ B. $\int a \tan^2 t dt$

   C. $\int \dfrac{a\tan^2 t}{\sec t} dt$ D. $\int a^2 \tan^2 t \sec t dt$

3. $\int (\dfrac{1}{\sin^2 x} + 1) d\sin x = ($ $)$.

   A. $-\cot x + x + C$ B. $-\cot x + \sin x + C$

   C. $\dfrac{1}{\sin x} + \sin x + C$ D. $-\dfrac{1}{\sin x} + \sin x + C$

4. 若 $\int f(x) dx = F(x) + C$，则 $\int f(2x) dx = ($ $)$.

   A. $F(x) + C$ B. $2F(2x) + C$

   C. $\dfrac{1}{2} F(2x) + C$ D. $F(2x) + C$

5. 在计算积分 $\int x^2 \cdot \sqrt[3]{1-x} dx$ 时，为使被积函数有理化，可作变换($ $).

A. $t = \sqrt[3]{1-x}$ B. $x = \tan t$

C. $x = \sec t$ D. $x = \sin t$

三、解答题

1. 求下列函数的不定积分：

(1) $\displaystyle\int \frac{x-4}{\sqrt{x}+2}\mathrm{d}x$；

(2) $\displaystyle\int \frac{1}{\cos^2 x} - \frac{1}{\sin^2 x}\mathrm{d}x$；

(3) $\displaystyle\int \frac{\sqrt[3]{1+\ln x}}{x}\mathrm{d}x$；

(4) $\displaystyle\int \frac{x}{\sqrt{4+x^2}}\mathrm{d}x$；

(5) $\displaystyle\int \sqrt{\mathrm{e}^x - 1}\mathrm{d}x$；

(6) $\displaystyle\int \frac{\sqrt{x}}{2(1+x)}\mathrm{d}x$；

(7) $\displaystyle\int x\cos\frac{x}{2}\mathrm{d}x$；

(8) $\displaystyle\int \ln(1+x^2)\mathrm{d}x$；

(9) $\displaystyle\int \frac{1}{x(x-1)^2}\mathrm{d}x$；

(10) $\displaystyle\int \frac{x+1}{x^2+2x-3}\mathrm{d}x$；

(11) $\displaystyle\int \mathrm{e}^{\sqrt{x}}\mathrm{d}x$；

(12) $\displaystyle\int \frac{1}{x^2-2x-3}\mathrm{d}x$；

2. 已知某曲线经过点 $(1,2)$，且每一点处的切线斜率为 $k = 1 - \dfrac{1}{x}$，求此曲线方程.

3. 一物体以速度 $v = 3t^2 + 4t\,(\mathrm{m/s})$ 作直线运动，当 $t = 1\mathrm{s}$ 时，物体经过的路径 $S = 3\mathrm{m}$，求物体的运动方程.

第六章 定积分及其应用

本章中我们将讨论积分学的另一个基本问题——定积分问题.我们先从几何学与力学问题出发引进定积分的定义,然后讨论它的性质与计算方法,最后讨论定积分的应用.

§6-1 定积分的定义及其性质

一、引例

1. 曲边梯形的面积

所谓曲边梯形是指由连续曲线 $y = f(x)$ 与直线 $x = a$,$x = b$ 及 x 轴所围成的图形.其底边所在的区间是 $[a,b]$,如图 6—1 所示.

下面我们将采取"化整为零"、"积零为整"的方法来计算曲边梯形的面积 A.具体分为四个步骤:

(1)分割区间 $[a,b]$

在区间 $[a,b]$ 中任意插入若干个分点

图 6-1

$$a = x_0 < x_1 < x_2 < \cdots < x_{i-1} < x_i < \cdots < x_{n-1} < x_n = b,$$

把 $[a,b]$ 分成 n 个小区间

$$[x_0,x_1],[x_1,x_2],\cdots,[x_{i-1},x_i],\cdots,[x_{n-1},x_n],$$

它们的长度依次为

$$\Delta x_1 = x_1 - x_0, \Delta x_2 = x_2 - x_1, \cdots, \Delta x_i = x_i - x_{i-1}, \cdots, \Delta x_n = x_n - x_{n-1},$$

过各分点作平行于 y 轴的直线,把曲边梯形分成 n 个小曲边梯形,其中第 i 个小曲边梯形的面积记为

$$\Delta A_i (i = 1, 2, \cdots, n),$$

则有 $\qquad A = \Delta S_1 + \Delta S_2 + \cdots + \Delta S_i + \cdots + \Delta S_n.$

(2)近似代替

在第 i 个小底边区间 $[x_{i-1}, x_i]$ 上任取一点 ξ_i（$x_{i-1} \leqslant \xi_i \leqslant x_i$），用 ξ_i 点的高 $f(\xi_i)$ 近似代替第 i 个小底边区间 $[x_{i-1}, x_i]$ 上各点处的高，即用以第 i 个小区间 $[x_{i-1}, x_i]$（长为 Δx_i）为底，$f(\xi_i)$ 为高的小矩形的面积来近似代替同一底 $[x_{i-1}, x_i]$ 上的第 i 个小曲边梯形的面积，即

$$\Delta A_i \approx f(\xi_i) \Delta x_i.$$

（3）连续求和

将 n 个小矩形面积相加，便得所求曲边梯形的面积 S 的近似值

$$A \approx f(\xi_1) \Delta x_1 + f(\xi_2) \Delta x_2 + \cdots + f(\xi_i) \Delta x_i + \cdots + f(\xi_n) \Delta x_n,$$

即

$$A \approx \sum_{i=1}^{n} f(\xi_i) \Delta x_i.$$

（4）计算极限

从直观上看，分点越多，即分割越细，$\sum_{i=1}^{n} f(\xi_i) \Delta x_i$ 就越接近于曲边梯形的面积 S. 因此若用 λ 表示被分割的 n 个小区间中最大的小区间的长度，则当 λ 趋向于零时，和式 $\sum_{i=1}^{n} f(\xi_i) \Delta x_i$ 的极限就是 S，即

$$A = \lim_{\lambda \to 0} \sum_{i=1}^{n} f(\xi_i) \Delta x_i.$$

可见，曲边梯形的面积是一个和式的极限.

2. 变速直线运动的路程

设某物体作直线运动，已知速度 $v = v(t)$ 是时间区间 $[a, b]$ 上的一个连续函数，且 $v(t) \geqslant 0$，求在这段时间内物体所经过的路程 s.

我们知道，对于匀速直线运动，有公式：

$$路程 = 速度 \times 时间$$

但现在速度不是常量而是随时间变化的变量，因此所求路程不能直接按匀速直线运动的路程公式来计算.

然而，在很短的一段时间内速度的变化很小，近似于匀速，因此在这段时间内可以用匀速运动的路程公式计算出这部分路程的近似值，时间间隔越小，得出的结果越准确. 由此，我们可以采用与求曲边梯形的面积类似的方法来计算路程 s. 具体计算步骤如下：

（1）分割区间

在时间区间 $[a, b]$ 中任意插入若个分点，把 $[a, b]$ 分成 n 个小时间段

$$[t_0, t_1], [t_1, t_2], \cdots, [t_{i-1}, t_i], \cdots, [t_{n-1}, t_n],$$

其中第 i 个小时间段 $[t_{i-1}, t_i]$ 的长记为

$$\Delta t_i = t_i - t_{i-1} (i = 1, 2, \cdots, n),$$

并将物体在第 i 个小时间段 $[t_{i-1}, t_i]$ 内走过的路程记为

$$\Delta s_i \,(\, i = 1, 2, \cdots, n \,),$$

则有 $\qquad s = \Delta s_1 + \Delta s_2 + \cdots + \Delta s_i + \cdots + \Delta s_n.$

(2)近似代替

在第 i 个小时间段 $[t_{i-1}, t_i]$ 上,任取一个时刻 ξ_i,用这个时刻 ξ_i 的速度 $v(\xi_i)$ 近似代替在第 i 个小时间段 $[t_{i-1}, t_i]$ 上各时刻的速度,便可得到第 i 个小时间段 $[t_{i-1}, t_i]$ 上的路程 Δs_i 的近似值为

$$\Delta s_i \approx v(\xi_i) \Delta t_i. \quad (\, i = 1, 2, \cdots, n \,).$$

(3)求和

将 n 段小时间段上的路程 s_i 的近似值 $v(\xi_i) \Delta t_i$ 相加,便得所求路程 s 的近似值为

$$s \approx v(\xi_1) \Delta t_1 + v(\xi_2) \Delta t_2 + \cdots + v(\xi_i) \Delta t_i + \cdots + v(\xi_n) \Delta t_n,$$

即

$$s \approx \sum_{i=1}^{n} v(\xi_i) \Delta t_i.$$

(4)求极限

若用 λ 表示被分割的 n 段小时间段中最长的小时间段的时间长,则当 λ 趋向于零时,和式 $\sum_{i=1}^{n} v(\xi_i) \Delta t_i$ 的极限就是 s,即

$$s = \lim_{\lambda \to 0} \sum_{i=1}^{n} v(\xi_i) \Delta t_i.$$

可见,变速直线运动的路程也是一个和式的极限.

二、定积分的定义

从上面两个例子可以看到,虽然我们所要计算的量的实际意义不同,前者是几何量,后者是物理量,但是计算这些量的思想方法和步骤都是相同的,并且最终归结为求一个和式的极限:

$$\text{面积 } S = \lim_{\lambda \to 0} \sum_{i=1}^{n} f(\xi_i) \Delta x_i;$$

$$\text{路程 } s = \lim_{\lambda \to 0} \sum_{i=1}^{n} v(\xi_i) \Delta t_i.$$

类似于这样的实际问题还有很多,抛开这些问题的具体意义,抓住它们在数量关系上共同的本质与特性加以概括,我们就可以抽象出下述定积分定义:

定义 1 设函数 $y = f(x)$ 在 $[a, b]$ 上有界,在 $[a, b]$ 中任意插入若干个分点

$$a = x_0 < x_1 < x_2 < \cdots < x_{i-1} < x_i < \cdots < x_{n-1} < x_n = b,$$

把区间 $[a, b]$ 分成 n 个小区间

$$[x_0, x_1], [x_1, x_2], \cdots, [x_{i-1}, x_i], \cdots, [x_{n-1}, x_n],$$

各个小区间的长度依次为

$$\Delta x_1 = x_1 - x_0, \Delta x_2 = x_2 - x_1, \cdots, \Delta x_i = x_i - x_{i-1}, \cdots, \Delta x_n = x_n - x_{n-1},$$

在每个小区间 $[x_{i-1}, x_i]$ 上任取一点 $\xi_i (x_{i-1} \leqslant \xi_i \leqslant x_i)$,作函数值 $f(\xi_i)$ 与小区间长度 Δx_i 的乘积 $f(\xi_i)\Delta x_i$ ($i = 1, 2, \cdots, n$),并作出和

$$\sum_{i=1}^{n} f(\xi_i)\Delta x_i. \tag{6—1}$$

记 $\lambda = \max\{\Delta x_1, \Delta x_2, \cdots, \Delta x_n\}$,如果不论对 $[a, b]$ 怎样分法,也不论在小区间 $[x_{i-1}, x_i]$ 上点 ξ_i 怎样选取,只要当 $\lambda \to 0$ 时,上面的和式均有极限,那么我们称这个极限为函数 $y = f(x)$ 在区间 $[a, b]$ 上的定积分,记为 $\int_a^b f(x)\mathrm{d}x$,即

$$\lim_{\lambda \to 0} \sum_{i=1}^{n} f(\xi_i)\Delta x_i = \int_a^b f(x)\mathrm{d}x.$$

其中 $f(x)$ 叫做被积函数,$f(x)\mathrm{d}x$ 叫做被积表达式,x 叫做积分变量,a、b 分别叫做积分下限与积分上限,$[a, b]$ 叫做积分区间.

如果定积分 $\int_a^b f(x)\mathrm{d}x$ 存在,则称 $f(x)$ 在 $[a, b]$ 上可积.

利用定积分的定义,前面所讨论的两个实际问题可以分别表述如下:

曲边梯形的面积 S 等于其曲边函数 $y = f(x)$ 在其底边所在的区间 $[a, b]$ 上的定积分

$$S = \int_a^b f(x)\mathrm{d}x.$$

变速直线运动的物体所经过的路程 s 等于其速度函数 $v = v(t)$ 在时间区间 $[a, b]$ 上的定积分

$$s = \int_a^b v(t)\mathrm{d}t.$$

注意 (1) 定积分只与被积函数 $f(x)$ 及积分区间 $[a, b]$ 有关,而与积分变量无关.如果不改变被积函数和积分区间,而只把积分变量 x 换成其他字母,例如 t 或 u,那么这时定积分的值不变,即

$$\int_a^b f(x)\mathrm{d}x = \int_a^b f(t)\mathrm{d}t = \int_a^b f(u)\mathrm{d}u.$$

换言之,定积分中积分变量符号的更换不影响它的值.

(2) 在上述定积分的定义中要求 $a < b$,为了今后运算方便,我们给出以下的补充规定:

① $\int_a^b f(x)\mathrm{d}x = -\int_b^a f(x)\mathrm{d}x, (a > b)$;

② $\int_a^a f(x)\mathrm{d}x = 0$.

三、定积分的几何意义

我们已经知道,在$[a,b]$上当$f(x) \geqslant 0$时,定积分$\int_a^b f(x)\mathrm{d}x$表示由连续曲线$y = f(x)$与直线$x=a$,$x=b$及x轴所围成的曲边梯形的面积.

而在$[a,b]$上当$f(x) \leqslant 0$时,如图6—2所示,由于曲边梯形位于x轴的下方,$f(\xi_i) < 0$,但$\Delta x_i > 0$,因此和式$\sum\limits_{i=1}^{n} f(\xi_i)\Delta x_i$的值为负值,从而定积分

$$\int_a^b f(x)\mathrm{d}x = \lim_{\Delta x_i \to 0}\sum_{i=1}^{n} f(\xi_i)\Delta x_i,$$

也是一个负数,故此时曲边梯形的面积为

$$S = -\int_a^b f(x)\mathrm{d}x \text{ 或 } \int_a^b f(x)\mathrm{d}x = -S.$$

图 6—2   图 6—3

若$f(x)$在$[a,b]$上既取得正值又取得负值时,如图6—3所示,则曲线$f(x)$与直线$x=a$,$x=b$及x轴所围成的图形是由三个曲边梯形组成,那么由定积分的定义可得

$$\int_a^b f(x)\mathrm{d}x = S_1 - S_2 + S_3.$$

由上面的分析我们可以得到如下结果:

定积分$\int_a^b f(x)\mathrm{d}x$的几何意义为:它的数值可以用曲边梯形的面积的代数和来表示.

例1　利用定积分表示图6—4中四个图形的面积:

解　图(1)中的阴影部分的面积为$S = \int_0^a x^2 \mathrm{d}x$;

图 6－4

图（2）中的阴影部分的面积为 $S=\displaystyle\int_{-1}^{2} x^2 \mathrm{d}x$；

图（3）中的阴影部分的面积为

$$S=\int_{-1}^{0}\left[(x-1)^2-1\right]\mathrm{d}x-\int_{0}^{2}\left[(x-1)^2-1\right]\mathrm{d}x;$$

图（4）中的阴影部分的面积为 $S=\displaystyle\int_{a}^{b}\mathrm{d}x$.

对于定积分,有这样一个重要问题:什么函数是可积的?

这个问题我们不作深入讨论,而只是直接给出下面的定积分存在定理:

定理 1 如果函数 $f(x)$ 在$[a,b]$上连续,则函数 $y=f(x)$ 在$[a,b]$上可积.

证明从略.

这个定理在直观上是很容易接受的:如图 6－3 所示,由定积分的几何意义可知,若 $f(x)$ 在$[a,b]$上连续,则由曲线 $y=f(x)$,直线 $x=a,x=b$ 和 x 轴所围成的曲边梯形面积的代数和是一定存在的,即定积分 $\displaystyle\int_{a}^{b}f(x)\mathrm{d}x$ 一定存在.

四、定积分的基本性质

下面我们总假定各函数在闭区间 $[a,b]$ 上连续,而对 a、b 的大小不加限制(特别情况除外).

性质1 函数的和(差)的定积分等于它们的定积分的和(差),即

$$\int_a^b \left[f(x) \pm g(x)\right] \mathrm{d}x = \int_a^b f(x)\mathrm{d}x \pm \int_a^b g(x)\mathrm{d}x.$$

这个性质可以推广到有限个连续函数的代数和的定积分.

性质2 被积函数的常数因子可以提到积分号外面,即

$$\int_a^b kf(x)\mathrm{d}x = k\int_a^b f(x)\mathrm{d}x (k \text{ 为常数}).$$

性质3 如果在区间 $[a,b]$ 上,$f(x) \equiv 1$,那么有

$$\int_a^b 1 \cdot \mathrm{d}x = \int_a^b \mathrm{d}x = b-a.$$

以上三条性质可用定积分定义和极限运算法则导出.

证明从略.

性质4 如果把区间 $[a,b]$ 分为 $[a,c]$ 和 $[c,b]$ 两个区间,不论 a、b、c 的大小顺序如何,总有

$$\int_a^b f(x)\mathrm{d}x = \int_a^c f(x)\mathrm{d}x + \int_c^b f(x)\mathrm{d}x.$$

性质5 (定积分中值定理) 如果函数 $f(x)$ 在区间 $[a,b]$ 上连续,则在 $[a,b]$ 上至少存在一点 ξ,使得下式成立:

$$\int_a^b f(x)\mathrm{d}x = f(\xi)(b-a) \quad (a \leqslant \xi \leqslant b).$$

证 根据闭区间上连续函数的介值定理($\S 2\text{-}6$ 定理13),在 $[a,b]$ 上至少存在一点 ξ,使得

$$\frac{1}{b-a}\int_a^b f(x)\mathrm{d}x = f(\xi) \ (a \leqslant \xi \leqslant b),$$

即

$$\int_a^b f(x)\mathrm{d}x = f(\xi)(b-a).$$

图 6—5

由图 6—5 可知,在 $[a,b]$ 上至少能找到一点 ξ,使以 $f(\xi)$ 为高,$[a,b]$ 为底的矩形面积等于曲边梯形 $abBA$ 的面积.

习题 6-1

1.利用定积分定义计算由抛物线 $y=x^2+1$,两直线 $x=a,x=b(b>a)$ 及 x 轴所围成的图形的面积.

2.利用定积分定义计算下列积分:

(1) $\int_a^b x\,\mathrm{d}x$ （$a<b$）；

(2) $\int_0^1 e^x\,\mathrm{d}x$.

3.利用定积分表示如图 6-6 所示各阴影部分的面积:

(1)

(2)

(3)

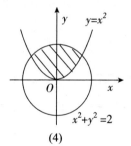

(4)

图 6-6

4.利用定积分的几何意义,求下列各定积分:

(1) $\int_1^3 (x-1)\,\mathrm{d}x$；

(2) $\int_0^2 4\,\mathrm{d}x$.

5.已知 $\int_0^2 x^2\,\mathrm{d}x=\dfrac{8}{3}$,$\int_0^2 x\,\mathrm{d}x=2$,计算下列各式的值:

(1) $\int_0^2 (x+1)^2\,\mathrm{d}x$；

(2) $\int_0^2 (x-\sqrt{3})(x+\sqrt{3})\,\mathrm{d}x$.

§6-2　定积分的计算

按照定积分定义计算定积分的值是困难的,本节先研究定积分与不定积分的关系,从而得到计算定积分的基本公式(微积分基本公式)牛顿—莱布尼兹公式.并进一步学习定积分的两种常用计算方法:定积分的换元积分法和分部积分法.

1. 微积分基本公式

(1)积分上限的函数及其导数

设函数 $f(x)$ 在区间 $[a,b]$ 上连续,x 为 $[a,b]$ 上任一点,则 $f(x)$ 在 $[a,x]$ 上仍连续,从而积分

$$\int_a^x f(x)\,\mathrm{d}x$$

存在,且确定了 $[a,b]$ 上的一个以上限 x 为自变量的函数,称为积分上限的函数,记为

$$\Phi(x) = \int_a^x f(x)\,\mathrm{d}x \quad (a \leqslant x \leqslant b),$$

这里 x 既是定积分的上限,又是积分变量.为避免混淆,把积分变量改用 t 表示.则上式改写为

$$\Phi(x) = \int_a^x f(t)\,\mathrm{d}t \quad (a \leqslant x \leqslant b).$$

定理 2　如果函数 $f(x)$ 在区间 $[a,b]$ 上连续,那么积分上限函数 $\Phi(x) = \int_a^x f(t)\,\mathrm{d}t$ 在 $[a,b]$ 上具有导数,且它的导数为

$$\Phi'(x) = f(x) \quad (a \leqslant x \leqslant b).$$

证　如图 6-7 所示,给 x 以增量 Δx,则 $\Phi(x)$ 有增量为

$$\Delta\Phi(x) = \Phi(x + \Delta x) - \Phi(x) = \int_a^{x+\Delta x} f(t)\,\mathrm{d}t - \int_a^x f(t)\,\mathrm{d}t$$

$$= \int_a^x f(t)\,\mathrm{d}t + \int_x^{x+\Delta x} f(t)\,\mathrm{d}t - \int_a^x f(t)\,\mathrm{d}t$$

$$= \int_x^{x+\Delta x} f(t)\,\mathrm{d}t$$

由积分中值定理,得在 $[x, x+\Delta x]$ 内必存在一点 ξ,使得

$$\Delta\Phi(x) = \int_x^{x+\Delta x} f(t)\,\mathrm{d}t = f(\xi)\Delta x$$

即

$$\frac{\Delta\Phi(x)}{\Delta x} = f(\xi)$$

当 $x \to 0$ 时,$\xi \to x$,根据 $f(x)$ 的连续性,得

$$\lim_{\Delta x \to 0} \frac{\Delta \Phi(x)}{\Delta x} = \lim_{\Delta x \to 0} f(\xi) = \lim_{\xi \to x} f(\xi) = f(x) \ ,$$

即 $\quad\quad\quad \Phi'(x) = f(x)$.

由原函数的定义可知,$\Phi(x)$ 是连续函数 $f(x)$ 的一个原函数. 因此也证明了下面的定理:

定理 3 如果函数 $f(x)$ 在区间 $[a,b]$ 上连续,则函数

$$\Phi(x) = \int_a^x f(t) \mathrm{d}t$$

图 6—7

就是 $f(x)$ 在区间 $[a,b]$ 上的一个原函数.

二、牛顿－莱布尼兹(Newton – Leibniz)公式

定理 4 (微积分基本定理) 如果函数 $F(x)$ 是连续函数 $f(x)$ 在区间 $[a,b]$ 上的一个原函数,则

$$\int_a^b f(x) \mathrm{d}x = F(b) - F(a) \ . \tag{6-2}$$

证 由定理 2 知,$\Phi(x) = \int_a^x f(t) \mathrm{d}t$ 是 $f(x)$ 的一个原函数,又假设 $F(x)$ 也是 $f(x)$ 的一个原函数,故

$$F(x) - \Phi(x) = C \ (a \leqslant x \leqslant b, C \text{ 为常数}),$$

即 $\quad\quad\quad F(x) - \int_a^x f(t) \mathrm{d}t = C.$

在上式中令 $x = a$,根据 $\int_a^a f(t) \mathrm{d}t = 0$,得 $F(a) = C$,于是

$$F(x) = \int_a^x f(t) \mathrm{d}t + F(a).$$

在上式中再令 $x = b$,得

$$\int_a^b f(t) \mathrm{d}t = F(b) - F(a) \quad \text{或} \quad \int_a^b f(x) \mathrm{d}x = F(b) - F(a).$$

这就证明了定理 4.

公式(6-2)又称为牛顿－莱布尼兹公式,也称为微积分基本公式. 它表明:连续函数 $f(x)$ 在 $[a,b]$ 上的定积分等于它的一个原函数 $F(x)$ 在该区间上的增量. 它为定积分的计算提供了一个简便有效的方法.

若记 $F[b] - F[a] = [F(x)]_a^b$,则公式(6-2)也可以写成

$$\int_a^b f(x) \mathrm{d}x = [F(x)]_a^b = F(b) - F(a).$$

例 1 计算 $\int_1^e \dfrac{dx}{x}$.

解 因为 $\ln x$ 是 $\dfrac{1}{x}$ 的一个原函数,所以

$$\int_1^e \frac{dx}{x} = [\ln x]_1^e = \ln e - \ln 1 = 1 \ .$$

例 2 计算 $\int_{-\frac{\pi}{4}}^{\frac{\pi}{4}} \sec^2 x\, dx$.

解 因为 $\tan x$ 是 $\sec^2 x$ 的一个原函数,所以

$$\int_{-\frac{\pi}{4}}^{\frac{\pi}{4}} \sec^2 x\, dx = [\tan x]_{-\frac{\pi}{4}}^{\frac{\pi}{4}} = 1 - (-1) = 2.$$

例 3 求曲线 $y = 2^x$,$x = -1$,$x = 2$ 及 x 轴所围图形的面积.

解 如图 $6-8$ 所示,曲边梯形的面积为

$$A = \int_{-1}^2 2^x\, dx.$$

图 $6-8$

因为 $\dfrac{2^x}{\ln 2}$ 是 2^x 的一个原函数,所以

$$A = \int_{-1}^2 2^x\, dx = \left[\frac{2^x}{\ln 2}\right]_{-1}^2 = \frac{7}{\ln 4}.$$

三、定积分的换元积分法和分部积分法

1. 定积分的换元积分法

定理 5 如果

(1)函数 $f(x)$ 在区间 $[a, b]$ 上连续;

(2)函数 $x = \varphi(t)$ 在区间 $[a, b]$ 上是单值的且有连续导数;

(3)当 t 在 $[\alpha, \beta]$ 上变化时,$x = \varphi(t)$ 的值在 $[a, b]$ 上变化,且 $\varphi(\alpha) = a$,$\varphi(\beta) = b$,那么有定积分的换元公式

$$\int_a^b f(x)dx = \int_\alpha^\beta f[\varphi(t)]\varphi'(t)dt. \tag{6-3}$$

证 由定理条件(1)、(2)可知,公式(6-3)两端的被积函数的原函数存在,并可用牛顿—莱布尼兹公式,设 $F(x)$ 是 $f(x)$ 的一个原函数,则

$$\int_a^b f(x)dx = F(b) - F(a),$$

而 $x = \varphi(t)$,故 $F[\varphi(t)]$ 可看作由 $F(x)$ 和 $x = \varphi(t)$ 复合而成的函数,根据复合函数求导法则,得

$$F'[\varphi(t)] = f[\varphi(t)]\varphi'(t).$$

这说明 $F[\varphi(t)]$ 是 $f[\varphi(t)]\varphi'(t)$ 的一个原函数,所以有

$$\int_\alpha^\beta f[\varphi(t)]\varphi'(t)\mathrm{d}t = \big[F[\varphi(t)]\big]_\alpha^\beta = F[\varphi(\beta)] - F[\varphi(\alpha)]$$
$$= F(b) - F(a).$$

这就证明了换元公式.

显然,公式(6-3)对 $\alpha > \beta$ 也是适用的.

例 4 计算 $\displaystyle\int_0^3 \frac{x}{\sqrt{1+x}}\mathrm{d}x$.

解 设 $\sqrt{1+x} = t$,则 $x = t^2 - 1$,$\mathrm{d}x = 2t\mathrm{d}t$. 当 $x = 0$ 时,$t = 1$;当 $x = 3$ 时,$t = 2$. 根据定理 5,

$$\int_0^3 \frac{x}{\sqrt{1+x}}\mathrm{d}x = \int_1^2 \frac{t^2-1}{t}2t\mathrm{d}t = 2\int_1^2 (t^2-1)\mathrm{d}t = \frac{8}{3}.$$

例 5 计算 $\displaystyle\int_0^a \sqrt{a^2-x^2}\mathrm{d}x \quad (a > 0)$.

解 设 $x = a\sin t$,则 $\mathrm{d}x = a\cos t\mathrm{d}t$,

当 $x = 0$ 时,$t = 0$;当 $x = a$ 时,$t = \dfrac{\pi}{2}$,于是

$$\int_0^a \sqrt{a^2-x^2}\mathrm{d}x = a^2\int_0^{\frac{\pi}{2}} \cos^2 t\mathrm{d}t = \frac{a^2}{2}\int_0^{\frac{\pi}{2}} (1+\cos 2t)\mathrm{d}t$$
$$= \frac{a^2}{2}\left[t + \frac{1}{2}\sin 2t\right]_0^{\frac{\pi}{2}} = \frac{\pi a^2}{4}.$$

例 6 计算 $\displaystyle\int_0^{\frac{\pi}{2}} \cos^3 x\sin x\mathrm{d}x$.

解 设 $\cos x = t$,则 $-\sin x\mathrm{d}x = \mathrm{d}t$.

当 $x = 0$ 时,$t = 1$;当 $x = \dfrac{\pi}{2}$ 时,$t = 0$,于是

$$\int_0^{\frac{\pi}{2}} \cos^3 x\sin x\mathrm{d}x = -\int_1^0 t^3\mathrm{d}t = \int_0^1 t^3\mathrm{d}t = \left[\frac{1}{4}t^4\right]_0^1 = \frac{1}{4}.$$

这个定积分也可采用凑微分法来计算,即

$$\int_0^{\frac{\pi}{2}} \cos^3 x\sin x\mathrm{d}x = -\int_0^{\frac{\pi}{2}} \cos^3 x\mathrm{d}(\cos x)$$
$$= -\left[\frac{1}{4}\cos^4 x\right]_0^{\frac{\pi}{2}} = \frac{1}{4}.$$

可以看出,这时由于没有进行变量代换,积分区间不变,所以计算更为简便.

例 7 计算 $\displaystyle\int_0^\pi \sqrt{\sin^3 x - \sin^5 x}\mathrm{d}x$.

解 由于

$$\sqrt{\sin^3 x - \sin^5 x} = \sqrt{\sin^3 x(1-\sin^2 x)} = \sin^{\frac{3}{2}} x |\cos x|,$$

在 $\left[0, \dfrac{\pi}{2}\right]$ 上，$|\cos x| = \cos x$，在 $\left[\dfrac{\pi}{2}, \pi\right]$ 上，$|\cos x| = -\cos x$，所以

$$\int_0^\pi \sqrt{\sin^3 x - \sin^5 x}\,dx = \int_0^{\frac{\pi}{2}} \sin^{\frac{3}{2}} x \cos x\,dx + \int_{\frac{\pi}{2}}^\pi \sin^{\frac{3}{2}} x(-\cos x)\,dx$$

$$= \int_0^{\frac{\pi}{2}} \sin^{\frac{3}{2}} x\,d(\sin x) - \int_{\frac{\pi}{2}}^\pi \sin^{\frac{3}{2}} x\,d(\sin x)$$

$$= \left[\frac{2}{5}\sin^{\frac{5}{2}} x\right]_0^{\frac{\pi}{2}} - \left[\frac{2}{5}\sin^{\frac{5}{2}} x\right]_{\frac{\pi}{2}}^\pi$$

$$= \frac{2}{5} - \left(-\frac{2}{5}\right) = \frac{4}{5}.$$

注意 如果忽略 $\cos x$ 在 $\left[\dfrac{\pi}{2}, \pi\right]$ 上非正，而按 $\sqrt{\sin^3 x - \sin x} = \sin^{\frac{3}{2}} x \cos x$ 计算，将导致错误.

例 8 求椭圆 $\dfrac{x^2}{a^2} + \dfrac{y^2}{b^2} = 1$ 的面积.

解 如图 6-9 所示，根据椭圆的对称性，得

$$A = 4\int_0^a \frac{b}{a}\sqrt{a^2 - x^2}\,dx = \frac{4b}{a}\int_0^a \sqrt{a^2 - x^2}\,dx.$$

设 $x = a\sin t$，则 $dx = a\cos t\,dt$，

当 $x = 0$ 时，$t = 0$；当 $x = a$ 时，$t = \dfrac{\pi}{2}$.

于是

$$A = \frac{4b}{a}\int_0^{\frac{\pi}{2}} a^2\cos^2 t\,dt = 4ab\int_0^{\frac{\pi}{2}} \cos^2 t\,dt$$

$$= 2ab\int_0^{\frac{\pi}{2}} (1+\cos 2t)\,dt$$

$$= 2ab\left[t + \frac{\sin 2t}{2}\right]_0^{\frac{\pi}{2}} = ab\pi.$$

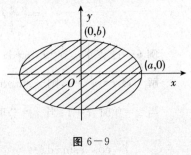

图 6-9

定理 6 设 $f(x)$ 在 $[a,b]$ 上连续，

(1)如果 $f(x)$ 为偶函数，那么 $\displaystyle\int_{-a}^a f(x)\,dx = 2\int_0^a f(x)\,dx$；

(2)如果 $f(x)$ 为奇函数，那么 $\displaystyle\int_{-a}^a f(x)\,dx = 0$.

我们用图形来说明：

(1)当 $f(x)$ 为偶函数时，$f(x)$ 的图形关于 y 轴对称，则由图 6-10(1)可知

$$\int_{-a}^{0} f(x)\mathrm{d}x = \int_{0}^{a} f(x)\mathrm{d}x,$$

从而有

$$\int_{-a}^{a} f(x)\mathrm{d}x = 2\int_{0}^{a} f(x)\mathrm{d}x;$$

(2)当 $f(x)$ 为奇函数时, $f(x)$ 的图形关于原点对称,则由图 6−10(2)可知

$$\int_{-a}^{0} f(x)\mathrm{d}x = -\int_{0}^{a} f(x)\mathrm{d}x,$$

从而有

$$\int_{-a}^{a} f(x)\mathrm{d}x = 0.$$

(1)

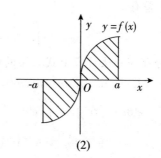

(2)

图 6−10

2. 定积分的分部积分法

定理 7   如果函数 $u(x), v(x)$ 在区间 $[a,b]$ 上具有连续导数,那么

$$\int_{a}^{b} u(x)\mathrm{d}[v(x)] = [u(x)v(x)]_{a}^{b} - \int_{a}^{b} v(x)\mathrm{d}[u(x)].$$

上式还可简写成

$$\int_{a}^{b} u\mathrm{d}v = [uv]_{a}^{b} - \int_{a}^{b} v\mathrm{d}u. \tag{6-4}$$

例 9   计算 $\int_{0}^{\pi} x\cos x\mathrm{d}x.$

解 $\int_{0}^{\pi} x\cos x\mathrm{d}x = \int_{0}^{\pi} x\mathrm{d}(\sin x) = [x\sin x]_{0}^{\pi} - \int_{0}^{\pi} \sin x\mathrm{d}x$

$$= 0 - [-\cos x]_{0}^{\pi} = -2.$$

例 10   计算 $\int_{0}^{\frac{\pi}{2}} x^2\sin x\mathrm{d}x.$

解 $\int_{0}^{\frac{\pi}{2}} x^2\sin x\mathrm{d}x = -\int_{0}^{\frac{\pi}{2}} x^2\mathrm{d}(\cos x)$

$$= -[x^2\cos x]_{0}^{\frac{\pi}{2}} + 2\int_{0}^{\frac{\pi}{2}} x\cos x\mathrm{d}x$$

$$=0+2\int_0^{\frac{\pi}{2}} x\cos x\mathrm{d}x=2\int_0^{\frac{\pi}{2}} x\mathrm{d}(\sin x)$$

$$=2\left\{[x\sin x]_0^{\frac{\pi}{2}}-\int_0^{\frac{\pi}{2}}\sin x\mathrm{d}x\right\}$$

$$=2\left\{\frac{\pi}{2}+[\cos x]_0^{\frac{\pi}{2}}\right\}=2(\frac{\pi}{2}-1)$$

$$=\pi-2.$$

例 11 计算 $\int_0^1 \mathrm{e}^{\sqrt{x}}\mathrm{d}x$.

解 先用换元法. 令 $\sqrt{x}=t$,则 $x=t^2$,$\mathrm{d}x=2t\mathrm{d}t$,并且当 $x=0$ 时,$t=0$;当 $x=1$ 时,$t=1$. 于是有

$$\int_0^1 \mathrm{e}^{\sqrt{x}}\mathrm{d}x=2\int_0^1 t\mathrm{e}^t\mathrm{d}t.$$

再用分部积分法计算上式右端的积分.

设 $u=t$,$\mathrm{d}v=\mathrm{e}^t\mathrm{d}t$,则 $\mathrm{d}u=\mathrm{d}t$,$v=\mathrm{e}^t$. 于是

$$\int_0^1 t\mathrm{e}^t\mathrm{d}t=[t\mathrm{e}^t]_0^1-\int_0^1 \mathrm{e}^t\mathrm{d}t$$

$$=\mathrm{e}-[\mathrm{e}^t]_0^1=\mathrm{e}-(\mathrm{e}-1)=1,$$

即

$$\int_0^1 \mathrm{e}^{\sqrt{x}}\mathrm{d}x=2.$$

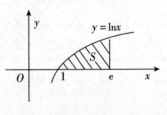

图 6-11

例 12 求由 $y=\ln x$ 与 $x=1$, $x=\mathrm{e}$, 及 $y=0$ 所围成图形的面积.

解 设所围成的图形面积为 S,如图 6-11 所示,根据定积分的几何意义可知,

$$S=\int_1^{\mathrm{e}}\ln x\mathrm{d}x=[x\ln x]_1^{\mathrm{e}}-\int_1^{\mathrm{e}} x\cdot\frac{1}{x}\mathrm{d}x$$

$$=\mathrm{e}-[x]_1^{\mathrm{e}}=\mathrm{e}-(\mathrm{e}-1)=1.$$

习题 6-2

1.计算下列各定积分:

(1) $\int_1^3 x^3\mathrm{d}x$;

(2) $\int_0^a (3x^2-x+1)\mathrm{d}x$;

(3) $\int_1^2 (x^2+\frac{1}{x^4})\mathrm{d}x$;

(4) $\int_4^9 \sqrt{x}(1+\sqrt{x})\mathrm{d}x$;

(5) $\int_{\frac{1}{\sqrt{3}}}^{\sqrt{3}}\frac{\mathrm{d}x}{1+x^2}$;

(6) $\int_{-\frac{1}{2}}^{\frac{1}{2}}\frac{\mathrm{d}x}{\sqrt{1-x^2}}$;

$(7) \int_0^{\sqrt{3}a} \dfrac{\mathrm{d}x}{a^2+x^2};$ $\qquad\qquad$ $(8) \int_0^1 \dfrac{\mathrm{d}x}{\sqrt{4-x^2}};$

$(9) \int_{-1}^0 \dfrac{3x^4+3x^2+1}{x^2+1}\mathrm{d}x;$ $\qquad$ $(10) \int_{-e-1}^{-2} \dfrac{\mathrm{d}x}{1+x};$

$(11) \int_0^{\frac{\pi}{4}} \tan^2\theta\mathrm{d}\theta;$ $\qquad\qquad$ $(12) \int_0^{2\pi} |\sin x|\mathrm{d}x;$

(13) 设 $f(x)=\begin{cases} x+1 & (x\leqslant 1) \\ \dfrac{1}{2}x^2 & (x>1) \end{cases}$，求 $\int_0^2 f(x)\mathrm{d}x.$

2. 求下列各曲线(直线)围成的图形的面积：

$(1) y=2\sqrt{x}, x=4, x=9, y=0;$

$(2) y=\cos x, x=0, x=\pi, y=0.$

3. 计算下列定积分：

$(1) \int_{\frac{\pi}{3}}^{\pi} \sin(x+\dfrac{\pi}{3})\mathrm{d}x;$ $\qquad$ $(2) \int_0^{\frac{\pi}{2}} \sin t\cos^3 t\mathrm{d}t;$

$(3) \int_{\frac{\pi}{6}}^{\frac{\pi}{2}} \cos^2 u\mathrm{d}u;$ $\qquad\qquad$ $(4) \int_{-\sqrt{2}}^{\sqrt{2}} \sqrt{8-2y^2}\mathrm{d}y;$

$(5) \int_0^a x^2\sqrt{a^2-x^2}\mathrm{d}x;$ $\qquad$ $(6) \int_{-1}^1 \dfrac{x\mathrm{d}x}{\sqrt{5-4x}};$

$(7) \int_{\frac{3}{4}}^1 \dfrac{\mathrm{d}x}{\sqrt{1-x}-1};$ $\qquad\quad$ $(8) \int_0^1 te^{-\frac{t^2}{2}}\mathrm{d}t;$

$(9) \int_{-2}^0 \dfrac{\mathrm{d}x}{x^2+2x+2}.$

4. 利用定理 6 计算下列定积分：

$(1) \int_{-\pi}^{\pi} x^4\sin x\mathrm{d}x;$ $\qquad\qquad$ $(2) \int_{-\frac{\pi}{2}}^{\frac{\pi}{2}} 4\cos^4 t\mathrm{d}t;$

$(3) \int_{-5}^5 \dfrac{x^3\sin^2 x}{x^4+2x^2+1}\mathrm{d}x.$

5. 计算下列定积分：

$(1) \int_0^1 xe^{-x}\mathrm{d}x;$ $\qquad\qquad$ $(2) \int_0^{\frac{2\pi}{\omega}} t\sin\omega t\mathrm{d}t$ $\quad(\omega$ 为常数$);$

$(3) \int_1^4 \dfrac{\ln x}{\sqrt{x}}\mathrm{d}x;$ $\qquad\qquad$ $(4) \int_0^{\frac{\pi}{2}} e^{2x}\cos x\mathrm{d}x;$

$(5) \int_0^{\pi} (x\sin x)^2\mathrm{d}x;$ $\qquad\quad$ $(6) \int_{\frac{1}{e}}^e |\ln x|\mathrm{d}x.$

§6-3 广义积分

在一些实际问题中,我们常遇到积分区间为无穷区间,或被积函数在积分区间上有无穷型间断点(即被积函数为无界函数)的情形,它们已经不属于前面所说的定积分了.因此,我们对定积分作如下两种推广,从而形成了"广义积分"的概念.

一、无穷区间的广义积分

定义 2 设函数 $f(x)$ 在区间 $[a,+\infty)$ 上连续,取 $b>a$,如果极限

$$\lim_{b \to +\infty} \int_a^b f(x)\mathrm{d}x$$

存在,那么称此极限为函数 $f(x)$ 在无穷区间 $[a,+\infty)$ 上的广义积分. 记作 $\int_a^{+\infty} f(x)\mathrm{d}x$,即

$$\int_a^{+\infty} f(x)\mathrm{d}x = \lim_{b \to +\infty} \int_a^b f(x)\mathrm{d}x. \tag{6-5}$$

这时也称广义积分 $\int_a^{+\infty} f(x)\mathrm{d}x$ 收敛;如果上述极限不存在,那么称广义积分 $\int_a^{+\infty} f(x)\mathrm{d}x$ 发散,这时虽用同样的记号,但已不表示数值了.

类似地,可以定义下限为负无穷大或上下限都是无穷大的广义积分:

$$\int_{-\infty}^{+\infty} f(x)\mathrm{d}x = \lim_{a \to -\infty} \int_a^b f(x)\mathrm{d}x. \tag{6-6}$$

$$\int_{-\infty}^{+\infty} f(x)\mathrm{d}x = \int_{-\infty}^0 f(x)\mathrm{d}x + \int_0^{+\infty} f(x)\mathrm{d}x ,$$

即 $\int_{-\infty}^{+\infty} f(x)\mathrm{d}x = \lim_{a \to -\infty} \int_a^0 f(x)\mathrm{d}x + \lim_{b \to +\infty} \int_0^b f(x)\mathrm{d}x. \tag{6-7}$

上述广义积分统称为无穷区间的广义积分.

例 1 计算广义积分 $\int_{-\infty}^{+\infty} \dfrac{\mathrm{d}x}{1+x^2}$.

解 如图 6-12 所示,由(6-7)、(6-6)、(6-5)式得

$$\int_{-\infty}^{+\infty} \frac{\mathrm{d}x}{1+x^2} = \int_{-\infty}^0 \frac{\mathrm{d}x}{1+x^2} + \int_0^{+\infty} \frac{\mathrm{d}x}{1+x^2}$$

$$= \lim_{a \to -\infty} \int_a^0 \frac{\mathrm{d}x}{1+x^2} + \lim_{b \to +\infty} \int_0^b \frac{\mathrm{d}x}{1+x^2}$$

图 6-12

$$= \lim_{a \to -\infty} [\arctan x]_a^0 + \lim_{b \to +\infty} [\arctan x]_0^b$$

$$= -\lim_{a \to -\infty} \arctan a + \lim_{b \to +\infty} \arctan b$$

$$= -(-\frac{\pi}{2}) + \frac{\pi}{2} = \pi.$$

这个广义积分值的几何意义是:当 $a \to -\infty, b \to +\infty$ 时,虽然图 6-12 中阴影部分向左、右无限延伸,但阴影部分的面积却有极限值 π.

例 2 计算广义积分 $\int_0^{+\infty} t e^{-pt} dt$ （p 是常数,且 $p > 0$).

解 $\int_0^{+\infty} t e^{-pt} dt = \lim_{b \to +\infty} \int_0^b t e^{-pt} dt = \lim_{b \to +\infty} \left\{ \left[-\frac{t}{p} e^{-pt} \right]_0^b + \frac{1}{p} \int_0^b e^{-pt} dt \right\}$

$$= \left[-\frac{t}{p} e^{-pt} \right]_0^{+\infty} - \frac{1}{p^2} \left[e^{-pt} \right]_0^{+\infty}$$

$$= -\frac{1}{p} \lim_{t \to +\infty} t e^{-pt} - 0 - \frac{1}{p^2} (0 - 1) = \frac{1}{p^2}.$$

注意 (1) 有时为了方便,把 $\lim_{b \to +\infty} [F(x)]_a^b$ 记作 $[F(x)]_a^{+\infty}$;

(2) 式中的极限 $\lim_{t \to +\infty} t e^{-pt}$ 是未定式,可用罗必达法则确定为零.

二、无界函数的广义积分

定义 3 设函数 $f(x)$ 在区间 $(a, b]$ 内连续,而 $\lim_{x \to a+0} f(x) = \infty$,如果极限

$$\lim_{\varepsilon \to 0^+} \int_{a+\varepsilon}^b f(x) dx \quad (\varepsilon > 0)$$

存在,那么称这个极限为函数 $f(x)$ 在区间 $(a, b]$ 内的广义积分,记为 $\int_a^b f(x) dx$,即

$$\int_a^b f(x) dx = \lim_{\varepsilon \to 0^+} \int_{a+\varepsilon}^b f(x) dx \tag{6-8}$$

这时也称广义积分 $\int_a^b f(x) dx$ 收敛;如果极限不存在,就称广义积分 $\int_a^b f(x) dx$ 发散.

同样地,对于函数 $f(x)$ 在 $x = b$ 及 $x = c (a < c < b)$ 处有无穷间断点的广义积分分别给出以下的定义:

$$\int_a^b f(x) dx = \lim_{\varepsilon \to 0^+} \int_a^{b-\varepsilon} f(x) dx \quad (\varepsilon > 0); \tag{6-9}$$

$$\int_a^b f(x) dx = \lim_{\varepsilon_1 \to 0^+} \int_a^{c-\varepsilon_1} f(x) dx + \lim_{\varepsilon_2 \to +0} \int_{c+\varepsilon_2}^b f(x) dx (\varepsilon_1 > 0, \varepsilon_2 > 0). \tag{6-10}$$

如果 (6-9)、(6-10) 式中各极限存在,那么称对应的广义积分 $\int_a^b f(x) dx$ 收

敛;否则称广义积分 $\int_a^b f(x)\mathrm{d}x$ 发散.

例 3 若 $f(x)=\dfrac{1}{\sqrt{1-x^2}}$,计算 $\int_0^1 f(x)\mathrm{d}x$.

图 6-13

解 如图 6-13 所示,因为 $\lim\limits_{x\to1-0}\dfrac{1}{\sqrt{1-x^2}}=+\infty$,所以

$x=1$ 为被积函数的无穷间断点.于是,按(6-9)式有

$$\int_0^1 f(x)\mathrm{d}x=\int_0^1 \frac{\mathrm{d}x}{\sqrt{1-x^2}}$$

$$=\lim_{\varepsilon\to0^+}\int_0^{1-\varepsilon}\frac{\mathrm{d}x}{\sqrt{1-x^2}}=\lim_{\varepsilon\to0^+}\big[\arcsin x\big]_0^{1-\varepsilon}$$

$$=\lim_{\varepsilon\to0^+}\arcsin(1-\varepsilon)=\frac{\pi}{2}.$$

例 4 计算 $\int_{-1}^1 \dfrac{\mathrm{d}x}{x^2}$.

解 因为 $\lim\limits_{x\to0}\dfrac{1}{x^2}=+\infty$,所以 $x=0$ 为被积函数的无穷间断点.于是,按(6-8)

式有

$$\int_{-1}^1 \frac{1}{x^2}\mathrm{d}x=\lim_{\varepsilon_1\to0^+}\int_{-1}^{0-\varepsilon_1}\frac{1}{x^2}\mathrm{d}x+\lim_{\varepsilon_2\to0^+}\int_{0+\varepsilon_2}^1\frac{1}{x^2}\mathrm{d}x$$

$$=\lim_{\varepsilon_1\to0^+}\left[-\frac{1}{x}\right]_{-1}^{0-\varepsilon_1}+\lim_{\varepsilon_2\to0^+}\left[-\frac{1}{x}\right]_{0+\varepsilon_2}^1$$

$$=\lim_{\varepsilon_1\to0^+}\left(\frac{1}{\varepsilon_1}-1\right)+\lim_{\varepsilon_2\to0^+}\left(-1+\frac{1}{\varepsilon_2}\right).$$

因为 $\lim\limits_{\varepsilon_1\to0^+}\left(\dfrac{1}{\varepsilon_1}-1\right)=+\infty$,$\lim\limits_{\varepsilon_2\to0^+}\left(-1+\dfrac{1}{\varepsilon_2}\right)=+\infty$,所以广义积分 $\int_{-1}^1 \dfrac{\mathrm{d}x}{x^2}$ 是发

散的.

注意 如果疏忽了 $x=0$ 是被积函数的无穷间断点,就会得到以下的错误

结果:

$$\int_{-1}^1 \frac{\mathrm{d}x}{x^2}=\left[-\frac{1}{x}\right]_{-1}^1=-1-1=-2.$$

习题 6-3

判别下列各广义积分的收敛性,如果收敛,则计算广义积分的值:

(1) $\int_1^{+\infty}\dfrac{\mathrm{d}x}{x^4}$;

(2) $\int_1^{+\infty}\dfrac{\mathrm{d}x}{\sqrt{x}}$;

(3) $\displaystyle\int_{-\infty}^{+\infty} \frac{\mathrm{d}x}{x^2+2x+2}$;

(4) $\displaystyle\int_0^1 \frac{x\mathrm{d}x}{\sqrt{1-x^2}}$; ,

(5) $\displaystyle\int_0^2 \frac{\mathrm{d}x}{(1-x)^2}$;

(6) $\displaystyle\int_1^2 \frac{x\mathrm{d}x}{\sqrt{x-1}}$;

(7) $\displaystyle\int_1^e \frac{\mathrm{d}x}{x\sqrt{1-(\ln x)^2}}$.

§6-4 定积分的应用

本节中我们将应用前面学过的定积分理论来分析和解决一些几何中的问题,通过这些例子,不仅在于建立计算这些几何量的公式,而且更重要的还在于介绍运用元素法将一个量表示成定积分的分析方法.

一、定积分在函数的平均值上的应用

定理 8 如果函数 $y=f(x)$ 在区间 $[a,b]$ 上连续,那么 $y=f(x)$ 在区间 $[a,b]$ 上的平均值为

$$\bar{y}=\frac{1}{b-a}\int_a^b f(x)\mathrm{d}x. \tag{6-11}$$

这个定理的正确性可用图 6—14 说明.

函数 $y=f(x)$ 的平均值 $\bar{y}$ 在图 6—14 中表示曲边梯形的"平均高度",因而曲边梯形的面积 S 可以写成下式

$$S=\bar{y}(b-a).$$

而另一方面,由定积分的几何意义,曲边梯形的面积 S 可以写成下式

$$S=\int_a^b f(x)\mathrm{d}x,$$

图 6—14

因而有 $S=\bar{y}(b-a)=\displaystyle\int_a^b f(x)\mathrm{d}x$,即

$$\bar{y}=\frac{1}{b-a}\int_a^b f(x)\mathrm{d}x.$$

例 1 求函数 $y=x^3$ 在区间 $[0,2]$ 上的平均值.

解 $\bar{y}=\dfrac{1}{2-0}\displaystyle\int_0^2 x^3\mathrm{d}x=\dfrac{1}{2}\cdot\dfrac{1}{4}\left[x^4\right]_0^2=\dfrac{1}{8}\cdot 16=2.$

二、定积分在几何上的应用

1. 定积分的元素法

在 §6-1 节中,我们用定积分表示过曲边梯形的面积和变速直线运动的路程. 解决这两个问题的基本思想是:分割区间、近似代替、连续求和、计算极限. 其中关键一步是近似代替,即在局部范围内"以常代变"、"以直代曲". 我们称这种方法为"元素法"或"微元法". 用元素法可以解决很多"累计求和"的问题.

用元素法解决总量 A 的"累计求和"问题的步骤为:

(1) 根据问题的具体情况,选取一个变量例如 x 为积分变量,并确定它的变化区间 $[a,b]$;

(2) 设想把区间 $[a,b]$ 分成 n 个小区间,任取其中一个小区间并记作 $[x, x+dx]$,求出相应于这个小区间的部分量 ΔA 的近似值,如果 ΔA 能近似地表示为 $[a, b]$ 上的一个连续函数在 x 处的值 $f(x)$ 与 dx 的乘积(这里 ΔU 与 $f(x)dx$ 相差一个比 dx 高阶的无穷小),就把 $f(x)dx$ 称为量 U 的元素且记为 dA,即

$$dA = f(x)dx;$$

(3) 以所求量 A 的元素 $f(x)dx$ 为被积表达式,在区间 $[a,b]$ 上作定积分,得

$$A = \int_a^b f(x)dx.$$

这就是所求总量 A 的定积分表达式.

这个方法通常叫做元素法, 以下我们将应用这个方法来讨论几何、物理中的一些问题.

2. 平面图形的面积

设函数 $f(x)$, $g(x)$ 在 $[a,b]$ 上连续且 $f(x) \geqslant g(x)$,求由曲线 $y = f(x)$,$y = g(x)$,直线 $x = a, x = b$ 所围图形的面积,如图 6-15 所示.

(1) 取 x 为积分变量,且 $x \in [a, b]$;

(2) 在 $[a,b]$ 上任取小区间 $[x, x+dx]$,与 $[x, x+dx]$ 对应的小窄条面积近似于高为 $f(x) - g(x)$,底为 dx 的窄矩形的面积,故面积元素为

$$dA = [f(x) - g(x)]dx$$

图 6-15

(3)作定积分

$$A = \int_a^b [f(x) - g(x)]dx \tag{6—12}$$

图 6—16　　　　　　　　　　　　**图 6—17**

例 2　计算由两条抛物线 $y^2=x,y=x^2$ 所围成的图形的面积.

解　如图 6—16 所示. 解方程组 $\begin{cases} y^2=x \\ y=x^2 \end{cases}$，得两抛物线的交点为 $(0,0)$ 和 $(1,1)$.
由 $(6-12)$ 式得

$$A=\int_0^1 (\sqrt{x}-x^2)\mathrm{d}x=\left[\frac{2}{3}x^{\frac{3}{2}}-\frac{1}{3}x^3\right]_0^1=\frac{1}{3}.$$

同理,如图 6—17 所示,设 $x=\varphi_1(y),x=\varphi_2(y)$ 在 $[c,d]$ 上连续且 $\varphi_1(y)\leqslant\varphi_2(y),y\in[c,d]$，则由曲线 $x=\varphi_1(y)$、$x=\varphi_2(y)$ 和直线 $y=c,y=d$ 所围图形的面积为

$$A=\int_c^d [\varphi_2(y)-\varphi_1(y)]\mathrm{d}y. \tag{6—13}$$

例 3　计算抛物线 $y^2=2x$ 与直线 $y=x-4$ 所围成的图形的面积.

解　如图 6—18 所示,解方程组 $\begin{cases} y^2=2x \\ y=x-4 \end{cases}$，得抛物线与直线的交点 $(2,-2)$ 和 $(8,4)$,由公式 $(6-13)$ 得

图 6—18

$$A=\int_{-2}^4 (y+4-\frac{1}{2}y^2)\mathrm{d}y=\left[\frac{y^2}{2}+4y-\frac{y^3}{6}\right]_{-2}^4$$
$$=18.$$

若用公式 $(6-12)$ 来计算,则要复杂一些.读者可以试一试,你可以发现积分变量选得适当,计算会简便一些.

3. 旋转体的体积

设函数 $y=f(x)\geqslant 0,x\in[a,b]$，求由曲线 $y=f(x)$，直线 $x=a,x=b$ 及 x 轴所围成的曲边梯形绕 x 轴旋转一周所得旋转体的体积,如图 6—19 所示.

任取 $x\in[a,b]$，用过点 x 且垂直于 x 轴的平面去截旋转体,则截面为圆.这个

截面圆的面积为

$$A(x) = \pi y^2 = \pi f^2(x),$$

代入公式(6—12),得旋转体体积为

$$V = \pi \int_a^b f^2(x) \, dx. \qquad (6—14)$$

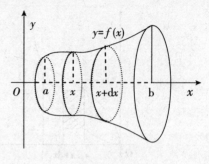

同理,设函数 $x = \varphi(y) \geqslant 0$,$y \in [c, d]$,由曲线 $x = \varphi(y)$,直线 $y = c$,$y = d$ 及 y 轴所围成的曲边梯形绕 y 轴旋转一周所得的旋转体的体积为

图 6—19

$$V = \pi \int_c^d \varphi^2(y) \, dy. \qquad (6—15)$$

例 4 连接坐标原点 O 及点 $A(h, r)$ 的直线 OA、直线 $x = h$ 及 x 轴围成一个直角三角形.将它绕 x 轴旋转构成一个底面半径为 r、高为 h 的圆锥体.计算这圆锥体的体积.

解 如图 6—20 所示,取圆锥体顶点为原点,其中心轴为 x 轴建立坐标系.圆锥体可看成是由直角三角形 ABO 绕 x 轴旋转而成,直线 OA 的方程为

$$y = \frac{r}{h} x \quad (0 \leqslant x \leqslant h),$$

代入公式(6—14)得圆锥体体积为

$$V = \int_0^h \pi \left(\frac{r}{h} x\right)^2 dx = \frac{\pi r^2}{h^2} \left[\frac{x^2}{3}\right]_0^h = \frac{1}{3} \pi r^2 h.$$

例 5 求椭圆 $\dfrac{x^2}{a^2} + \dfrac{y^2}{b^2} = 1$ 绕 y 轴旋转而成的旋转体的体积.

解 如图 6—21 所示,旋转体是由曲边梯形 BAC 绕 y 轴旋转而成.曲边 BAC 的方程为

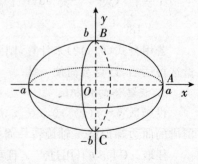

$$x = \frac{a}{b} \sqrt{b^2 - y^2} \quad (x > 0, y \in [-b, b])$$

图 6—20

代入公式(6—14),得

$$
\begin{aligned}
V &= \int_{-b}^{b} \pi \left(\frac{a}{b} \sqrt{b^2 - y^2}\right)^2 dy \\
&= \frac{2\pi a^2}{b^2} \int_0^b (b^2 - y^2) \, dy \\
&= \frac{2\pi a^2}{b^2} \left[b^2 y - \frac{1}{3} y^3\right]_0^b \\
&= \frac{2\pi a^2}{b^2} \left(b^3 - \frac{1}{3} b^3\right) = \frac{4}{3} \pi a^2 b.
\end{aligned}
$$

图 6—21

三、定积分在物理上的应用

1. 弹簧作功问题

例6 已知弹簧每拉长 0.02 m 要用 9.8N 的力,求把弹簧拉长 0.1m 所作的功.

解 从物理学知道,在一个常力 F 的作用下,物体沿力的方向作直线运动,当物体移动一段距离 s 时,F 所作的功为

$$W = F \cdot s.$$

如果物体在运动过程中所受到的力是变化的,则不能直接使用上面的公式,这时必须利用定积分的思想解决这个问题,后面的几个例子均是如此.

如图 $6-22$ 所示,我们知道,在弹性限度内,拉伸(或压缩)弹簧所需的力 F 与弹簧的伸长量(或压缩量)x 成正比,即 $F = kx$,k 为比例系数.

根据题意,当 $x = 0.02$ 时,$F = 9.8$,故由 $F = kx$ 得 $k = 490$.这样得到的变力函数为 $F = 490x$.下面用元素法求此变力所作的功.

图 $6-22$

取 x 为积分变量,积分区间为 $[0, 0.1]$.在 $[0, 0.1]$ 上任取一小区间 $[x, x + \mathrm{d}x]$,与它对应的变力 F 所作的功近似于把变力 F 看作常力所作的功,从而得到功元素为

$$\mathrm{d}W = 490x\mathrm{d}x,$$

于是所求的功为

$$W = \int_0^{0.1} 490x\mathrm{d}x = 490 \left[\frac{x^2}{2} \right]_0^{0.1} = 2.45(\mathrm{J}).$$

2. 抽水作功问题

例7 一圆柱形的贮水桶高为 5m,底圆半径为 3m,桶内盛满了水.试问要把桶内的水全部抽出需作多少功?

解 作 x 轴如图 $6-23$ 所示.取深度 x 为积分变量,它的变化区间为 $[0, 5]$,在 $[0, 5]$ 上任取一小区间 $[x, x + \mathrm{d}x]$,与它对应的一薄层水(圆柱)的底面半径为 3m,高度为 $\mathrm{d}x$,故这薄层水的重力为

$$9800\pi \times 3^2 \mathrm{d}x.$$

图 $6-23$

因这一薄层水抽出贮水桶所作的功近似于克服这一薄层水的重力所作的功,所以功元素为

$$dW = 9800\pi \times 3^2 dx \cdot x = 88200\pi x dx,$$

于是所求的功为

$$W = \int_0^5 88200\pi x dx = 88200\pi \left[\frac{x^2}{2}\right]_0^5$$

$$= 88200\pi \cdot \frac{25}{2} \approx 3.462 \times 10^6 (J).$$

图 6—24

3. 静水压力问题

从物理学知道,在水深为 h 处的压强为 $p = \rho h$,这里 ρ 是水的密度.如果有一面积为 A 的平板水平地放置在水深为 h 处,那么平板一侧所受的压力为

$$P = p \cdot A.$$

如果平板垂直地放置在水中,那么,由于水深不同的点处压强 p 不相等,平板一侧所受的水压力就不能用上述方法计算.下面我们举例说明它的计算方法.

例 8 某水坝中有一个等腰三角形的闸门,这闸门垂直地竖立在水中,它的底边与水面相齐.已知三角形底边长 2m,高 3m.问这闸门所受的水压力等于多少?

解 如图 6—24 所示,取过三角形底边中点且垂直向下的直线为 x 轴,与底边重合的水平线为 y 轴.

显然,AB 的方程为

$$y = -\frac{1}{3}x + 1.$$

取 x 为积分变量,在 $[0,3]$ 上任取一小区间 $[x, x+dx]$,则相应于 $[x, x+dx]$ 的窄条的面积 dS 近似于宽为 dx,长为 $2y = -\frac{2}{3}x + 2$ 的小矩形面积.

这个小矩形上受到的压力近似于把这个小矩形水平地放在距水平面深度为 $h = x$ 的位置上一侧所受到的压力.由于水的密度 $\rho = 10^3 (kg/m^3)$,$dS = 2ydx$,即

$$dS = \left(-\frac{2}{3}x + 2\right)dx, h = x,$$

因此,这窄条所受水压力的近似值,即压力元素为

$$dP = 9.8 \times 10^3 \times x\left(-\frac{2}{3}x + 2\right)dx.$$

于是所求压力为

$$P = \int_0^3 9.8 \times 10^3 \times x\left(-\frac{2}{3}x + 2\right)dx$$

$$= 9.8 \times 10^3 \left[-\frac{2}{9}x^3 + x^2\right]_0^3 = 2.94 \times 10^4 (N).$$

4．电学上的应用

（1）交流电的平均功率问题

例9　计算纯电阻电路中正弦交流电 $i = I_m \sin\omega t$ 在一个周期内功率的平均值．

解　设电阻为 R，那么这电路中，R 两端的电压为

$$u = Ri = RI_m \sin\omega t ，$$

而功率

$$P = ui = Ri^2 = RI_m^2 \sin^2\omega t ，$$

由于交流电 $i = I_m \sin\omega t$ 的周期为 $T = \dfrac{2\pi}{\omega}$，因此由公式（6-11）可知，在一个周期 $\left[0, \dfrac{2\pi}{\omega}\right]$ 上，P 的平均值为

$$\overline{P} = \frac{1}{\dfrac{2\pi}{\omega} - 0} \int_0^{\frac{2\pi}{\omega}} RI_m^2 \sin^2\omega t\, dt = \frac{\omega RI_m^2}{2\pi} \int_0^{\frac{2\pi}{\omega}} \left(\frac{1 - \cos 2\omega t}{2}\right) dt$$

$$= \frac{\omega RI_m^2}{4\pi} \left[t - \frac{1}{2\omega} \sin 2\omega t\right]_0^{\frac{2\pi}{\omega}} = \frac{\omega RI_m^2}{4\pi} \cdot \frac{2\pi}{\omega}$$

$$= \frac{RI_m^2}{2} = \frac{I_m u_m}{2} \quad (u_m = I_m R).$$

即纯电阻电路中，正弦交流电的平均功率等于电流、电压的峰值的乘积的一半．

（2）交流电流的有效值问题

由电工学可知，如果交流电流 $i(t)$ 在一个周期内消耗在电阻 R 上的平均功率 $\overline{P}$ 与直流电流 I 消耗在电阻 R 上的功率相等时，那么这个直流电流的数值 I 就叫做交流电流 $i(t)$ 的有效值．

例10　计算交流电流 $i(t) = I_m \sin\omega t$ 的有效值 I．

解　（1）计算 $i(t)$ 在一个周期内消耗在电阻 R 上的平均功率（直接引用上例的计算结果）

$$\overline{P} = \frac{1}{\dfrac{2\pi}{\omega} - 0} \int_0^{\frac{2\pi}{\omega}} RI_m^2 \sin^2\omega t\, dt = \frac{RI_m^2}{2} ;$$

（2）由电工学知 $\overline{P} = I^2 R$，即 $I^2 R = \dfrac{RI_m^2}{2}$，故 $I = \dfrac{I_m}{\sqrt{2}}$．

习题 6-4

1.求下列各曲线所围成的图形的面积：

(1)

(2)

(3)

(4)

图 6-25

2.求由下列各曲线所围成的图形的面积：

(1) $y=1-x^2$，$y=0$；

(2) $y=\dfrac{1}{x}$ 与直线 $y=x$ 及 $x=2$；

(3) $y=e^x$，$y=e^{-x}$ 与直线 $x=1$；

(4) $y=\ln x$，y 轴与直线 $y=\ln a$，$y=\ln b(b>a>0)$；

(5) $y=x^2$ 与直线 $y=x$ 及 $y=2x$.

3.求下列已知曲线所围成的图形,按指定的轴旋转所产生的旋转体的体积：

(1) $2x-y+4=0$，$x=0$ 及 $y=0$，绕 x 轴；

(2) $y=x^2$，$x=y^2$，绕 y 轴；

(3) $x^2+(y-5)^2=16$，绕 x 轴.

4.由 $y=x^3$，$x=2$，$y=0$ 所围成的图形,分别绕 x 轴及 y 轴旋转,计算所得两个旋转体的体积.

5.有一铸铁件,它是由曲线 $y=e^x$,$x=1$,$x=2$ 及 x 轴所围成的图形,绕 y 轴旋转而成的旋转体.设长度单位为 cm,铸铁的密度为 0.071N/cm^3,试算出此铸件的重量(精确到 0.1N).

6.如图 6—26 所示,弹簧原长 0.3m,每压缩 0.01m 需要力 2N,求把弹簧从 0.25m 压缩到 0.2m 所作的功.

图 6—26

图 6—27

7.有一闸门,它的形状和尺寸如图 6—27 所示,水面超过门顶 2m,求闸门上所受的水压力.

8.有一等腰梯形闸门,它的两条底边各长 10m 和 6m,高为 20m,较长的底边与水面相齐.计算闸门的一侧所受的水压力.

9.如图 6—28 所示,有一锥形贮水池,深 15m,口径 20m,盛满水.欲将水吸尽,问要作多少功?

图 6—28

图 6—29

10.如图 6—29 所示,半径为 10m 的半球形水箱充满了水,把水箱内的水全部吸尽,求所作的功.

11.一底为 8cm、高为 6cm 的等腰三角形片,铅直地沉没在水中,顶在上,底在下且与水面平行,而顶离水面 3cm,试求它每面所受的压力.

12.已知 $U(t)=U_\text{m}\sin\omega t$,其中电压最大值 $U_\text{m}=220\sqrt{2}$,角频率 $\omega=100\pi$,电阻为 R,求平均功率.

13.求正弦交流电流 $i=I_\text{m}\sin\omega t$ 经半波整流后得到的电流

$$i=\begin{cases} I_\text{m}\sin\omega t, & 0\leqslant t\leqslant\dfrac{\pi}{\omega} \\[2ex] 0, & \dfrac{\pi}{\omega}<t\leqslant\dfrac{2\pi}{\omega} \end{cases}$$

的有效值.

本章小结

一、定积分的概念

在解决许多问题时,往往需要用到"无限细分,累计求和"这一方法,例如解决曲边梯形的面积与变速直线运动的路程问题,就要用到这一方法. 例如:

曲边梯形的面积 $A = \lim\limits_{\lambda \to 0} \sum\limits_{i=1}^{n} f(\xi_i) \Delta x_i$;

变速直线运动的路程 $s = \lim\limits_{\lambda \to 0} \sum\limits_{i=1}^{n} v(\xi_i) \Delta t_i$,

上面两个例子虽属不同的领域,但思维方式、计算方法均相同,于是,我们便将这种计算方法称为定积分,即

$$\int_a^b f(x)\mathrm{d}x = \lim\limits_{||\Delta x_i|| \to 0} \sum\limits_{i=1}^{n} f(\xi_i) \Delta x_i.$$

二、定积分的常用性质

1. $\displaystyle\int_a^b [f(x) \pm g(x)]\mathrm{d}x = \int_a^b f(x)\mathrm{d}x \pm \int_a^b g(x)\,\mathrm{d}x$;

2. $\displaystyle\int_a^b kf(x)\mathrm{d}x = k\int_a^b f(x)\mathrm{d}x$($k$ 为常数);

3. $\displaystyle\int_a^b 1\mathrm{d}x = \int_a^b \mathrm{d}x = b - a$;

4. $\displaystyle\int_a^b f(x)\mathrm{d}x = \int_a^c f(x)\mathrm{d}x + \int_c^b f(x)\mathrm{d}x$;

三、定积分的计算

1. 牛顿—莱布尼兹公式:$\displaystyle\int_a^b f(x)\mathrm{d}x = F(b) - F(a)$;

2. 换元积分公式:$\displaystyle\int_a^b f(x)\mathrm{d}x = \int_\alpha^\beta f[\varphi(t)]\varphi'(t)\mathrm{d}t$;

3. 分部积分公式:$\displaystyle\int_a^b u(x)\mathrm{d}[v(x)] = [u(x)v(x)]_a^b - \int_a^b v(x)\mathrm{d}[u(x)]$;

4. 如果 $f(x)$ 为偶函数,那么 $\displaystyle\int_{-a}^a f(x)\mathrm{d}x = 2\int_0^a f(x)\mathrm{d}x$;

5. 如果 $f(x)$ 为奇函数,那么 $\displaystyle\int_{-a}^a f(x)\mathrm{d}x = 0$.

四、广义积分

1. 无穷区间的广义积分:

$$\int_a^{+\infty} f(x)\mathrm{d}x = \lim\limits_{b \to +\infty} \int_a^b f(x)\mathrm{d}x;$$

$$\int_{-\infty}^{b} f(x)\mathrm{d}x = \lim_{a \to -\infty} \int_{a}^{b} f(x)\mathrm{d}x;$$

$$\int_{-\infty}^{+\infty} f(x)\mathrm{d}x = \lim_{a \to -\infty} \int_{a}^{0} f(x)\mathrm{d}x + \lim_{b \to +\infty} \int_{0}^{b} f(x)\mathrm{d}x.$$

2. 无界函数的广义积分

$$\int_{a}^{b} f(x)\mathrm{d}x = \lim_{\varepsilon \to +0} \int_{a+\varepsilon}^{b} f(x)\mathrm{d}x;$$

$$\int_{a}^{b} f(x)\mathrm{d}x = \lim_{\varepsilon \to +0} \int_{a}^{b-\varepsilon} f(x)\mathrm{d}x \quad (\varepsilon > 0);$$

$$\int_{a}^{b} f(x)\mathrm{d}x = \lim_{\varepsilon_1 \to +0} \int_{a}^{c-\varepsilon_1} f(x)\mathrm{d}x + \lim_{\varepsilon_2 \to +0} \int_{c+\varepsilon_2}^{b} f(x)\mathrm{d}x \quad (\varepsilon_1 > 0, \varepsilon_2 > 0).$$

五、定积分的应用

1. 函数的平均值: $\overline{y} = \dfrac{1}{b-a} \int_{a}^{b} f(x)\mathrm{d}x$;

2. 平面图形的面积: $A = \displaystyle\int_{a}^{b} [f(x)-g(x)]\mathrm{d}x$ （如图 6-30(1)所示）

或 $\qquad\qquad A = \displaystyle\int_{c}^{d} [\varphi_2(y)-\varphi_1(y)]\mathrm{d}y$ （如图 6-30(2)所示）

(1)   (2)

图 6-30

3. 旋转体的体积: $V = \pi \displaystyle\int_{a}^{b} f^2(x)\mathrm{d}x$.

4. 物理上的应用举例:(略)

测试题六

一、填空题

1. 定积分的性质: $\displaystyle\int_{a}^{b} [f(x) \pm g(x)]\mathrm{d}x = \int_{a}^{b} f(x)\mathrm{d}x \pm \underline{\hspace{3cm}}$;

2. 如果 $f(x)$ 为奇函数,那么 $\int_{-a}^{a} f(x)\mathrm{d}x=$_____;

3. 如果 $f(x)$ 为偶函数,那么 $\int_{-a}^{a} f(x)\mathrm{d}x=$_____;

4. 定积分的换元积分公式是_____;

5. 定积分的分部积分公式是_____.

二、选择题

1. 定积分的几何意义是（　　）.

    A. 曲边梯形的面积之代数和　　　　　　B. 曲线的切线斜率

    C. 曲线的切线增量　　　　　　　　　　D. 函数的平均值

2. 牛顿—莱希尼兹公式是 $\int_{a}^{b} f(x)\mathrm{d}x=$（　　）.

    A. $F(a)-F(b)$　　　　　　　　　　B. $F(b)-F(a)$

    C. $f(a)-f(b)$　　　　　　　　　　D. $f(b)-f(a)$

3. 定积分的性质: $\int_{a}^{b} f(x)\mathrm{d}x=$（　　）.

    A. $\int_{c}^{a} f(x)\mathrm{d}x+\int_{c}^{b} f(x)\mathrm{d}x$　　　　B. $\int_{a}^{b} f(x)\mathrm{d}x+\int_{b}^{c} f(x)\,\mathrm{d}x$

    C. $\int_{a}^{c} f(x)\mathrm{d}x+\int_{a}^{b} f(x)\,\mathrm{d}x$　　　　D. $\int_{a}^{c} f(x)\mathrm{d}x+\int_{b}^{c} f(x)\,\mathrm{d}x$

4. 函数的平均值: $\bar{y}=$（　　）.

    A. $\dfrac{1}{a-b}\int_{b}^{a} f(x)\mathrm{d}x$　　　　　　B. $\dfrac{1}{a-b}\int_{a}^{b} f(x)\mathrm{d}x$

    C. $\dfrac{1}{b-a}\int_{b}^{a} f(x)\mathrm{d}x$　　　　　　D. $\dfrac{1}{b-a}\int_{a}^{b} f(x)\mathrm{d}x$

5. 下列式子中错误的是（　　）.

    A. $\int_{a}^{b} kf(x)\mathrm{d}x=k\int_{a}^{b} f(x)\mathrm{d}x$　　　　B. $\int_{a}^{b} kf(x)\mathrm{d}x=\int_{a}^{b} f(kx)\mathrm{d}x$

    C. $\int_{a}^{b} kf(x)\mathrm{d}x=\int_{a}^{b} f(x)\mathrm{d}(kx)$　　　D. $\int_{a}^{b} kf(x)\mathrm{d}x=\int_{a}^{b} f(x)k\mathrm{d}x$

三、判断题

1. 定积分的值恒为非负数.　　　　　　　　　　　　　　　　　　　（　　）

2. 定积分在变速直线运动中表示物体的加速度.　　　　　　　　　　（　　）

3. $\int_{a}^{b} \mathrm{d}x=b-a$.　　　　　　　　　　　　　　　　　　　　　（　　）

4. 换元积分公式: $\int_{a}^{b} f(x)\mathrm{d}x=\int_{\alpha}^{\beta} f[\varphi(t)]\varphi(t)\mathrm{d}t$.　　　　　　（　　）

5. 分部积分公式：$\int_a^b u\,d[v]=[uv]-\int_a^b v\,d[u]$. （　　）

四、解答题

1. 计算下列各定积分

(1) $\int_1^3 x^3\,dx$；

(2) $\int_1^2 (x^2+\dfrac{1}{x^4})\,dx$；

(3) $\int_0^{\frac{\pi}{2}} \sin x\cos^2 x\,dx$；

(4) $\int_0^{\frac{\pi}{2}} \cos\left(2x-\dfrac{\pi}{2}\right)\,dx$；

(5) $\int_3^8 \dfrac{dx}{\sqrt{x+1}-1}$；

(6) $\int_0^{\pi} x\sin x\,dx$；

(7) $\int_0^1 x e^{-2x}\,dx$；

(8) $\int_1^{+\infty} \dfrac{dx}{x^4}$.

2. 求由 $y=x^3$ 与直线 $x=-1$ 及 $x=2$ 所围图形的面积.

3. 求由 $y=x^2$、$y=0$ 与 $x=2$ 所围曲边梯形绕 x 轴旋转所产生的旋转体的体积.

4. 有一闸门，它的形状和尺寸如图 6-31 所示，水面超过闸门顶端 1m，试利用定积分求闸门上所受的水压力.

图 6-31

第七章　常微分方程

在许多科学技术和经济管理的实际问题中,往往需要求出所涉及的变量之间的函数关系. 一些较简单的函数关系可以由实际问题的特点直接确定,而一些较复杂的问题中,我们只能根据具体实际问题的性质及所遵循的规律,建立一个包含未知函数及其导数(或微分)的方程,通过求解这样的方程确定所求函数. 这类问题就是微分方程所要讨论的问题.

本章主要介绍微分方程的一些基本概念、几种常用微分方程的解法和简单应用.

§7-1　微分方程的基本概念

一、引例

求曲线的方程

已知某曲线上任意一点 (x,y) 处的切线斜率为 $x+2$,且此曲线过 $(-2,1)$ 点,求此曲线的方程.

设曲线方程为 $y=f(x)$,由导数的几何意义得

$$y'=x+2,$$

即

$$dy=(x+2)dx$$

两边积分,得

$$y=\frac{1}{2}x^2+2x+C$$

用 $y|_{x=-2}=1$ 代入,得 $C=3$,则所求曲线方程为

$$y=\frac{1}{2}x^2+2x+3.$$

二、微分方程及其解

定义 1　含有未知函数的导数(或微分)的方程叫做微分方程. 例如,$y'+y+x=1$,$y''+1=0$ 等都是微分方程,而 $y+x=1$ 不是微分方程.

定义 2　微分方程中出现的未知函数的最高阶导数的阶数叫做微分方程的

阶. 例如, $y'+y+x=1$ 是一阶微分方程, $y''+1=0$ 是二阶微分方程, $y'''-x=2$ 是三阶微分方程.

定义 3 使微分方程成为恒等式的函数叫做微分方程的解.

若微分方程的解中含有任意常数且任意常数的个数与该方程的阶数相等,则称这个解为微分方程的通解. 利用题设中的条件把通解中的任意常数求出后,得到的解叫做微分方程的特解.

用来求特解的条件叫做初始条件. 例如, $y|_{x=-2}=1$, $S|_{t=0}=S_0$, $S'|_{t=0}=V_0$ 都是初始条件.

求微分方程的解的过程叫做解微分方程.

例 1 验证函数 $y=C_1\sin x-C_2\cos x$ 是 $y''+y=0$ 的通解,其中 C_1,C_2 是任意常数.

解 因为 $y'=C_1\cos x+C_2\sin x$, $y''=-C_1\sin x+C_2\cos x$,用 y、y'、y''代入原方程左端,得

$$-C_1\sin x+C_2\cos x+C_1\sin x-C_2\cos x=0$$

所以, $\dfrac{\mathrm{d}y}{y}=-P(x)\mathrm{d}x$ 是 $y''+y=0$ 的解,又因为解中含有两个任意常数,其个数与方程阶数相等,所以 $y=C_1\sin x-C_2\cos x$ 是 $y''+y=0$ 的通解.

例 2 已知函数 $y=C_1x+C_2x^2$ 是微分方程

$$y=y'x-\frac{1}{2}y''x^2$$

的通解,求满足初始条件 $y|_{x=-1}=1$, $y'|_{x=1}=-1$ 的特解.

解 用 $y|_{x=-1}=1$ 代入通解中,得 $C_2-C_1=1$,又 $y'=C_1+2C_2x$,用 $y'|_{x=1}=-1$ 代入,得 $C_1+2C_2=-1$,联立

$$\begin{cases} C_2-C_1=1 \\ C_1+2C_2=-1 \end{cases}, \text{解得 } C_1=-1, C_2=0$$

所以,满足初始条件的特解为 $y=-x$.

例 3 设一个微分方程的通解为 $(x-C)^2+y^2=1$,求对应的微分方程.

解 对通解两端求导数得

$$2(x-C)+2yy'=0$$

即

$$x-C=-yy' \text{ 或 } C=x+yy'$$

用 $C=x+yy'$ 代入原方程,得

$$y^2y'^2+y^2=1.$$

微分方程特解的图像是一条曲线,叫微分方程的积分曲线,而微分方程的通解图像是一簇曲线,叫做积分曲线簇,显然,特解图像就是积分曲线簇中满足某个初

始条件的一条确定的曲线.

习题 7-1

1. 指出下列微分方程的阶数：

(1) $x(y')^2 - 2yy' + x = 0$；　　　(2) $y''' + x = 1$；

(3) $\dfrac{d^2 x}{dt^2} - x = \sin t$；　　　　　(4) $(x-1)dx - (y+1)dy = 0$.

2. 验证下列函数是否是所给方程的解，若是解，指出是通解，还是特解？

(1) $xy' = 2y$，$y = 5x^2$；

(2) $y'' - (\lambda_1 + \lambda_2)y' + \lambda_1\lambda_2 y = 0$，$y = C_1 e^{\lambda_1 x} + C_2 e^{\lambda_2 x}$；

(3) $y'' = x^2 + y^2$，$y = \dfrac{1}{x}$；

(4) $y'' - 2y' + y = 0$，$y = xe^x$.

3. 设微分方程的通解是下列函数，求其对应的微分方程：

(1) $y = Ce^{\arcsin x}$；　　　　　(2) $y = C_1 x + C_2 x^2$.

§7-2　可分离变量的微分方程

定义 4　形如

$$\frac{dy}{dx} = f(x)g(y) \tag{7-1}$$

或

$$M_1(x)M_2(y)dx + N_1(x)N_2(y)dy = 0 \tag{7-2}$$

的一阶微分方程称为可分离变量的微分方程.

例如，$\dfrac{dy}{dx} = \dfrac{y}{x}$、$x(y^2-1)dx + y(x^2-1)dy = 0$ 等都是可分离变量的微分方程.

而 $\cos(xy)dx + xydy = 0$ 不是可分离变量的微分方程.

下面我们来解上面两种形式的可分离变量的微分方程.

微分方程(7-1)式的求解过程为：

由　　　　$\dfrac{dy}{dx} = f(x)g(y)$

分离变量，得　　　$\dfrac{dy}{g(y)} = f(x)dx$

两边积分，得　　　$\displaystyle\int \frac{dy}{g(y)} = \int f(x)dx$

求出积分,得通解 $\qquad G(y)=F(x)+C.$

其中 $G(y)$,$F(x)$ 分别是 $\dfrac{1}{g(y)}$,$f(x)$ 的原函数,利用初始条件求出常数 C,得特解.

在微分方程 $(7-2)$ 式中,当 $M_2(y)N_1(x)\neq0$ 时,两端同除以 $M_2(y)N_1(x)$,得

$$\frac{M_1(x)}{N_1(x)}\mathrm{d}x+\frac{N_2(y)}{M_2(y)}\mathrm{d}y=0$$

两边积分,得

$$\int\frac{M_1(x)}{N_1(x)}\,\mathrm{d}x+\int\frac{N_2(y)}{M_2(y)}\,\mathrm{d}y=C.$$

上式所确定的隐函数就是微分方程的通解.

上述解微分方程的方法叫做分离变量法.

例 1 求微分方程 $\dfrac{\mathrm{d}y}{\mathrm{d}x}=\dfrac{y}{x^2}$ 的通解.

解 将原方程分离变量,得

$$\frac{\mathrm{d}y}{y}=\frac{\mathrm{d}x}{x^2}$$

两边积分,得

$$\int\frac{\mathrm{d}y}{y}=\int\frac{\mathrm{d}x}{x^2}$$

$$\ln|y|=-\frac{1}{x}+C_1,$$

解得

$$y=\pm\mathrm{e}^{C_1-\frac{1}{x}},$$

原方程的通解为

$$y=c\mathrm{e}^{-\frac{1}{x}}.\ (\text{其中}\ C=\pm\mathrm{e}^{C_1})$$

例 2 求微分方程 $\cos y\sin x\mathrm{d}x-\sin y\cos x\mathrm{d}y=0$ 满足 $y|_{x=0}=\dfrac{\pi}{4}$ 的特解.

解 将原方程两端同除以 $\cos x\cos y$,得

$$\tan x\mathrm{d}x-\tan y\mathrm{d}y=0$$

两边积分,得

$$\int\tan x\mathrm{d}x-\int\tan y\mathrm{d}y=C_1$$

$$-\ln|\cos x|+\ln|\cos y|=C_1$$

$$\ln\left|\frac{\cos y}{\cos x}\right|=C_1$$

$$\left|\frac{\cos y}{\cos x}\right|=\mathrm{e}^{C_1}$$

$$\frac{\cos y}{\cos x}=\pm\mathrm{e}^{C_1}$$

$$\frac{\cos y}{\cos x} = C, (C = \pm e^{C_1})$$

用 $x=0, y=\frac{\pi}{4}$ 代入,得 $C=\cos\frac{\pi}{4}=\frac{\sqrt{2}}{2}$,原方程的特解为

$$\sqrt{2}\cos y - \cos x = 0.$$

例 3 已知某商品的生产成本为 $C=C(x)$,它与产量 x 满足微分方程 $C'(x)=1+ax(a$ 为常数),且当 $x=0$ 时,$C=C_0$,求成本函数 $C(x)$.

解 由题意列出方程为

$$\begin{cases} \dfrac{\mathrm{d}C(x)}{\mathrm{d}x}=1+ax \\ x=0, \quad C=C_0 \end{cases}$$

分离变量,积分得 $\displaystyle\int \mathrm{d}C(x) = \int (1+ax)\mathrm{d}x$

解之得 $\quad C(x)=\dfrac{1}{2a}(1+ax)^2+C$

由初始条件 $x=0, C=C_0$ 得 $\quad C=C_0-\dfrac{1}{2a}$,

故成本函数为 $\quad C(x)=\dfrac{1}{2a}(1+ax)^2+C_0-\dfrac{1}{2a}$.

例 4 已知某厂的纯利润 L 对广告费 x 的变化率 $\dfrac{\mathrm{d}L}{\mathrm{d}x}$ 与正常数 A 和纯利润 L 之差成正比. 当 $x=0$ 时,$L=L_0(0<L_0<A)$,试求纯利润 L 与广告费 x 之间的函数关系.

解 由题意列出方程为

$$\begin{cases} \dfrac{\mathrm{d}L}{\mathrm{d}x} = k(A-L) \\ L\big|_{x=0} = L_0 \end{cases}, \qquad 其中 k>0 为比例常系数$$

分离变量、积分,得 $\quad\displaystyle\int \frac{\mathrm{d}L}{A-L} = \int k\mathrm{d}x$

解之得 $\quad -\ln(A-L)=kx-\ln C$

即 $\quad A-L=Ce^{-kx}$

所以 $\quad L=A-Ce^{-kx}$

由初始条件 $L\big|_{x=0}=L_0$,解得 $C=A-L_0$

故纯利润与广告费的函数关系为

$$L=A-(A-L_0)e^{-kx}.$$

显然,纯利润 L 随广告费 x 增加而趋于常数 A.

习题 7-2

1. 求下列微分方程的通解:

(1) $xy^2\mathrm{d}x+(1+x^2)\mathrm{d}y=0$;   (2) $\dfrac{\mathrm{d}y}{\mathrm{d}x}=2xy$;

(3) $\sec^2x\tan y\mathrm{d}x+\sec^2y\tan x\mathrm{d}y=0$;   (4) $y'=10^{x+y}$.

2. 求下列微分方程满足初始条件的特解:

(1) $(1+\mathrm{e}^x)yy'=\mathrm{e}^x,y|_{x=1}=1$;

(2) $\dfrac{x}{1+y}\mathrm{d}x-\dfrac{y}{1+x}\mathrm{d}y=0,y|_{x=0}=1$.

3. 一曲线通过点 $(1,1)$ 且曲线上任意点 $M(x,y)$ 的切线与直线 OM 垂直,求此曲线的方程.

4. 设降落伞从跳伞塔下落后,所受空气阻力与速度成正比,且降落伞离开跳伞塔时速度为零,求降落伞下落速度 v 与时间 t 的函数关系.

5. 如图 7-1 所示,已知在 RC 电路中,电容 C 的初始电压为 u_0,求开关 K 合上后电容器上电压 u_c 随时间 t 的变化规律 $u_c=u_c(t)$.

图 7-1

§7-3 齐次微分方程

定义 5 形如

$$\frac{\mathrm{d}y}{\mathrm{d}x}=f\left(\frac{y}{x}\right) \tag{7-3}$$

的方程称为齐次微分方程.

例如,$(x^2-y^2)\mathrm{d}x+2xy\mathrm{d}y=0$ 就是齐次方程,而 $(x^2-y^2)\mathrm{d}x+2xy^2\mathrm{d}y=0$ 不是齐次微分方程.

要解齐次微分方程(7-3)式,只需引入新的未知函数 $u=\dfrac{y}{x}$,则(7-3)式就可化成关于新未知函数 $u_{(x)}$ 的可分离变量的微分方程.

事实上,$y=ux,y'=u+xu'$,代入(7-3)式得

$$u+xu'=f(u)\text{或}x\frac{\mathrm{d}u}{\mathrm{d}x}=f(u)-u$$

即

$$\frac{\mathrm{d}u}{\mathrm{d}x}=\frac{f(u)-u}{x}$$

于是,当 $f(u)-u\neq0$ 时,有

$$\frac{\mathrm{d}u}{f(u)-u}=\frac{\mathrm{d}x}{x}$$

两边积分,得

$$\int\frac{\mathrm{d}u}{f(u)-u}=\int\frac{\mathrm{d}x}{x}$$

积出结果后,再用 $\frac{y}{x}$ 代替 u,求得(7-3)式的通解.

例 1 解微分方程 $x^2\dfrac{\mathrm{d}y}{\mathrm{d}x}=xy-y^2$.

解 原方程变形为

$$\frac{\mathrm{d}y}{\mathrm{d}x}=\frac{y}{x}-\left(\frac{y}{x}\right)^2$$

令 $u=\dfrac{y}{x}$,则 $y=xu,\dfrac{\mathrm{d}y}{\mathrm{d}x}=u+x\dfrac{\mathrm{d}u}{\mathrm{d}x}$

即

$$u+x\frac{\mathrm{d}u}{\mathrm{d}x}=u-u^2 \text{ 或 } x\frac{\mathrm{d}u}{\mathrm{d}x}=-u^2$$

分离变量,得

$$-\frac{\mathrm{d}u}{u^2}=\frac{\mathrm{d}x}{x}$$

两端积分,得

$$\frac{1}{u}=\ln x+C \text{ 或 } u=\frac{1}{\ln x+C}$$

将 u 换成 $\dfrac{y}{x}$,并解出 y,得原方程通解为

$$y=\frac{x}{\ln x+C}.$$

例 2 如图 7-2 所示,曲线 L 上每一点 $P(x,y)$ 的切线与 y 轴交于 A 点,OA,OP,AP 构成一个以 AP 为底边的等腰三角形,求曲线 L 的方程.

解 设曲线 L 的方程为 $y=f(x)$,其上任意一点 $P(x,y)$ 的切线 AP 方程为

$$Y-y=y'(X-x),$$

该切线 AP 交 oy 轴于点 $A(0,y-xy')$,由题意知,$|OP|=|OA|$,即有

$$x^2+y^2=(y-xy')^2$$

即

$$\frac{\mathrm{d}y}{\mathrm{d}x}=\frac{y}{x}\pm\frac{\sqrt{x^2+y^2}}{x}$$

对方程

$$\frac{\mathrm{d}y}{\mathrm{d}x}=\frac{y}{x}+\frac{\sqrt{x^2+y^2}}{x}=\frac{y}{x}+\sqrt{1+\left(\frac{y}{x}\right)^2}$$

图 7-2

令 $u=\dfrac{y}{x}$，则 $x\dfrac{\mathrm{d}u}{\mathrm{d}x}=u+\sqrt{1+u^2}-u=\sqrt{1+u^2}$

即
$$\frac{\mathrm{d}u}{\sqrt{1+u^2}}=\frac{\mathrm{d}x}{x}$$

两边积分，得
$$\ln|u+\sqrt{1+u^2}|=\ln x+\ln C$$
$$u+\sqrt{1+u^2}=Cx$$

用 $u=\dfrac{y}{x}$ 代入，得
$$\frac{y}{x}+\sqrt{1+\left(\frac{y}{x}\right)^2}=Cx$$

所以，得曲线 L 的方程为
$$y+\sqrt{x^2+y^2}=Cx^2.$$

对方程 $\dfrac{\mathrm{d}y}{\mathrm{d}x}=\dfrac{y}{x}-\dfrac{\sqrt{x^2+y^2}}{x}$ 来说，类似地可求得曲线 L 的方程为
$$y+\sqrt{x^2+y^2}=C.$$

所以，曲线 L 的方程为
$$y+\sqrt{x^2+y^2}=Cx^2\ \text{和}\ y+\sqrt{x^2+y^2}=C.$$

例 3　求微分方程
$$(1+2\mathrm{e}^{\frac{x}{y}})\mathrm{d}x+2\mathrm{e}^{\frac{x}{y}}\left(1-\frac{x}{y}\right)\mathrm{d}y=0$$

的通解.

　　解　原方程变形为
$$\frac{\mathrm{d}x}{\mathrm{d}y}=\frac{2\mathrm{e}^{\frac{x}{y}}\left(\frac{x}{y}-1\right)}{1+2\mathrm{e}^{\frac{x}{y}}}$$

令 $v=\dfrac{x}{y}$，则 $x=yv,\dfrac{\mathrm{d}x}{\mathrm{d}y}=v+y\dfrac{\mathrm{d}v}{\mathrm{d}y}$，得到
$$v+y\frac{\mathrm{d}v}{\mathrm{d}y}=\frac{2\mathrm{e}^v(v-1)}{1+2\mathrm{e}^v}$$

即
$$\frac{1+2\mathrm{e}^v}{2\mathrm{e}^v+v}\mathrm{d}v=-\frac{\mathrm{d}y}{y}\ \text{或}\ \frac{\mathrm{d}(v+2\mathrm{e}^v)}{v+2\mathrm{e}^v}=-\frac{\mathrm{d}y}{y}$$

两边积分，得
$$\ln(2\mathrm{e}^v+v)=-\ln y+\ln C$$

于是

$$y(2e^v+v)=C$$

将 $v=\dfrac{x}{y}$ 代回上式,得到通解为

$$2ye^{\frac{x}{y}}+x=C.$$

习题 7-3

1.求下列微分方程的通解:

(1) $y' = \dfrac{y}{x} + \tan\dfrac{y}{x}$;

(2) $xy' - x\sin\dfrac{y}{x} - y = 0$;

(3) $x\dfrac{\mathrm{d}y}{\mathrm{d}x} + y = 2\sqrt{xy}$;

(4) $x^2y\mathrm{d}x - (x^3+y^3)\mathrm{d}y = 0$.

2.求下列微分方程满足初始条件的特解:

(1) $y' = \dfrac{x}{y} + \dfrac{y}{x}$, $y|_{x=-1} = 2$;

(2) $(x^2+2xy-y^2)\mathrm{d}x + (y^2+2xy-x^2)\mathrm{d}y = 0$, $y_{x=1} = 1$.

§7-4 一阶线性微分方程

定义 6 形如

$$\frac{\mathrm{d}y}{\mathrm{d}x} + P(x)y = Q(x) \tag{7-4}$$

的方程称为一阶线性微分方程.这里的线性是指 y 及 $\dfrac{\mathrm{d}y}{\mathrm{d}x}$ 的次数都是一次,$P(x)$,

$Q(x)$ 是已知函数.

若 $Q(x) \equiv 0$,得

$$\frac{\mathrm{d}y}{\mathrm{d}x} + P(x)y = 0 \tag{7-5}$$

方程(7-5)式称为与方程(7-4)式对应的齐次方程.

我们先求方程(7-5)式的通解,为此将(7-5)式分离变量得

$$\frac{\mathrm{d}y}{y} = -P(x)\mathrm{d}x$$

两端积分,得

$$\ln y = -\int P(x)\mathrm{d}x + \ln C$$

即得(7－5)式的通解为

$$y = C e^{-\int P(x) dx}. \tag{7-6}$$

方程(7－4)式的通解与方程(7－5)式的通解有何联系呢？当 C 为常数时,函数(7－6)式的导数,恰等于该函数乘上 $P(x)$,从而(7－6)式为齐次方程(7－5)式的解.由于非齐次方程(7－4)式比齐次方程(7－5)式多一项 $Q(x)$(左边完全相同),所以非齐次方程(7－4)式的解的导数不能恰等于它与 $P(x)$ 的乘积,还必须多出一项 $Q(x)$ 来.为了达到这个目的,联系到乘积的导数公式,必须将(7－6)式中的常数 C 改为函数 $C(x)$,即令

$$y = C(x) e^{-\int P(x) dx} \tag{7-7}$$

为非齐次方程(7－4)式的解,对(7－7)式求导,得

$$\frac{dy}{dx} = C'(x) e^{-\int P(x) dx} - P(x) C(x) e^{-\int P(x) dx} \tag{7-8}$$

用(7－7)式、(7－8)式代入(7－4)式,得

$$C'(x) e^{-\int P(x) dx} - P(x) C(x) e^{-\int P(x) dx} + P(x) C(x) e^{-\int P(x) dx} = Q(x)$$

即

$$C'(x) e^{-\int P(x) dx} = Q(x)$$

$$C'(x) = Q(x) e^{\int P(x) dx}$$

故

$$C(x) = \int Q(x) e^{\int P(x) dx} \, dx + C \tag{7-9}$$

用(7－9)式代入(7－7)式中,得(7－4)式的通解为

$$y = e^{-\int P(x) dx} \left(\int Q(x) e^{\int P(x) dx} dx + C \right) \tag{7-10}$$

即

$$y = C e^{-\int P(x) dx} + e^{-\int P(x) dx} \int Q(x) e^{\int P(x) dx} dx .$$

可知,一阶线性微分方程的通解等于对应的齐次方程的通解与非齐次方程的一个特解之和.

上面求方程(7－4)式的通解的方法叫做常数变易法.

例 1 解微分方程 $y' + \dfrac{y}{x} = \sin x$.

解 这里,$P(x) = \dfrac{1}{x}$,$Q(x) = \sin x$,利用通解公式(7－10)式得

$$y = e^{-\int \frac{1}{x} dx} \left(\int \sin x \, e^{\int \frac{1}{x} dx} \, dx + C \right)$$

$$= \frac{1}{x} \left(\int x \sin x \, dx + C \right) = \frac{\sin x}{x} - \cos x + \frac{C}{x}.$$

例 2 一个由电阻 $R = 10$ 欧,电感 $L = 2$ 亨和电源电压 $E = 20\sin 5t$ 伏串联

而成的电路,开关 K 闭合后,电路中有电流通过,求电流 i 和时间 t 的函数关系.

解 由电学知识知道,当回路中电流变化时,L 上有感应电动势 $-L\dfrac{\mathrm{d}i}{\mathrm{d}t}$,由回路定律得到

$$20\sin5t - 2\frac{\mathrm{d}i}{\mathrm{d}t} - 10i = 0$$

即

$$\frac{\mathrm{d}i}{\mathrm{d}t} + 5i = 10\sin5t$$

由公式(7—10)得

$$i(t) = \sin5t - \cos5t + Ce^{-5t},$$

用初条件 $i(t)\big|_{t=0}=0$ 代入,得 $C=1$,故得电流 i 与时间 t 的函数关系为

$$i(t) = e^{-5t} + \sin5t - \cos5t = e^{-5t} + \sqrt{2}\sin\left(5t - \frac{\pi}{4}\right).$$

例 3 某人某天从食物中获取 10500J 热量,其中 5040J 用于基础代谢,他每天的活动强度,相当于每千克体重消耗 67.2J. 此外,余下的热量均以脂肪的形式储存起来,每 42000 可转化为 1kg 脂肪. 问:这个人的体重是怎样随时间变化的,会达到平衡吗?

解 设体重为 $W(t)$,根据题意,先从 $\Delta t=1$ 天的意义上分析体重的变化量 ΔW. 每天的进食量相当于获得体重 $10500/42000=0.25$kg,基础代谢用去 $5040/42000=0.12$kg,活动消耗为每千克体重 $67.2/42000=0.0016$kg,所以

$$\Delta W = (0.25 - 0.12 - 0.0016W)\Delta t$$

在长为 Δt 的时间间隔内,W 的平均变化率为

$$\frac{\Delta W}{\Delta t} = 0.13 - 0.0016W$$

因其对任意的 Δt 皆成立,故令 $\Delta t \to 0$,求极限,得到

$$\frac{\mathrm{d}W}{\mathrm{d}t} = 0.13 - 0.0016W \quad \text{或} \quad \frac{\mathrm{d}W}{\mathrm{d}t} + 0.0016W = 0.13$$

用公式(7—10)得

$$W = e^{-\int 0.0016\mathrm{d}t}\left(\int 0.13e^{\int 0.0016\mathrm{d}t}\mathrm{d}t + C\right)$$

$$= e^{-0.0016t}\left(\int 0.13e^{0.0016t}\mathrm{d}t + C\right)$$

$$= e^{-0.0016t}\left(\frac{0.13}{0.0016}e^{0.0016t} + C\right)$$

$$= 81.25 + Ce^{-0.0016t}.$$

假设 $W(0)=W_0$,代入上式得 $C=W_0-81.25$,因此他的体重 W 随时间 t 变化

的函数为: $W = 81.25 + (W_0 - 81.25) e^{-0.0016t}$, 因为 $t \to \infty$ 时, $W \to 81.25$, 故他的体重会在 81.25 处达到平衡.

习题 7-4

1. 求下列微分方程的通解:

(1) $xy' + y = x^2 + 3x + 2$;

(2) $y' + y\tan x = \sin 2x$;

(3) $(y^2 - 6x)y' + 2y = 0$;

(4) $(2e^y - x)y' = 1$.

2. 求下列微分方程满足所给初始条件的特解:

(1) $\dfrac{dy}{dx} + \dfrac{y}{x} = \dfrac{\sin x}{x}$, $y|_{x=\pi} = 1$;

(2) $\dfrac{dy}{dx} + 3y = 8$, $y|_{x=0} = 2$;

(3) $xy' + y = \dfrac{\ln x}{x}$, $y|_{x=1} = \dfrac{1}{2}$.

3. 一曲线通过原点, 并且它在点 (x, y) 处的切线斜率为 $2x + y$, 求这条曲线的方程.

4. 已知物体在空气中冷却的速率与该物体及空气两者温度的差成正比, 假设室温为 20℃ 时, 一物体由 100℃ 冷却到 60℃ 须经 20 分钟, 问共经过多少时间方可使此物体的温度从开始时的 100℃ 降低到 30℃?

§7-5 可降阶的高阶微分方程

本节讨论二阶和二阶以上的微分方程, 即所谓高阶微分方程. 解这类方程的基本思想是通过某些变换把高阶方程降为低阶方程, 再用前面的方法求解.

1. $y^{(n)} = f(x)$ 型微分方程

这种高阶微分方程只要通过 n 次积分就可求得通解.

例 1 求微分方程 $y''' = e^{2x} - 1$ 的通解.

解 对原微分方程连续积分三次得

$$y'' = \frac{1}{2}e^{2x} - x + C_1,$$

$$y' = \frac{1}{4}e^{2x} - \frac{1}{2}x^2 + C_1 x + C_2,$$

$$y = \frac{1}{8}e^{2x} - \frac{1}{6}x^3 + \frac{C_1}{2}x^2 + C_2 x + C_3.$$

2. $y'' = f(x, y')$ 型微分方程

这种微分方程右端不显含未知函数 y, 若令 $y' = p$, 则 $y'' = \dfrac{\mathrm{d}p}{\mathrm{d}x} = p'$, 代入原方程得

$$p' = f(x, p)$$

这是一个关于变量 x, p 的一阶微分方程, 可用前面的方法求解, 设其通解为

$$p = \varphi(x, C_1)$$

而 $p = \dfrac{\mathrm{d}y}{\mathrm{d}x}$, 于是得到

$$\frac{\mathrm{d}y}{\mathrm{d}x} = \varphi(x, C_1)$$

对上式两边积分, 得原微分方程的通解为

$$y = \int \varphi(x, C_1) \mathrm{d}x + C_2.$$

例 2 求微分方程

$$y'' = \frac{2xy'}{1 + x^2}$$

满足初始条 $y|_{x=0} = 1, y'|_{x=0} = 3$ 的特解.

解 令 $y' = p$, 则 $y'' = p'$, 代入原方程, 并分离变量, 得

$$\frac{\mathrm{d}p}{p} = \frac{2x\mathrm{d}x}{1 + x^2}$$

两边积分, 得

$$\ln p = \ln(1 + x^2) + \ln C_1$$

$$p = C_1(1 + x^2)$$

即

$$y' = C_1(1 + x^2)$$

将 $y'|_{x=0} = 3$ 代入, 得 $C_1 = 3$, 因此有

$$y' = 3x^2 + 3.$$

再积分, 得

$$y = x^3 + 3x + C_2,$$

用 $y|_{x=0} = 1$ 代入, 得 $C_2 = 1$, 于是原方程的特解为

$$y = x^3 + 3x + 1.$$

3. $y'' = f(y, y')$ 型微分方程

这种微分方程右端不显含自变量 x, 令 $y' = p$, 显然, P 通过中间变量 y 而成为 x 的复合函数, 由复合函数求导法则, 有

$$y'' = \frac{\mathrm{d}p}{\mathrm{d}x} = \frac{\mathrm{d}p}{\mathrm{d}y} \cdot \frac{\mathrm{d}y}{\mathrm{d}x} = p\frac{\mathrm{d}p}{\mathrm{d}y},$$

代入原方程,得到 $p\dfrac{\mathrm{d}p}{\mathrm{d}y} = f(y,p)$,

这是关于变量 y、p 的一阶微分方程,用前面的方法可以求得它的通解为

$$p = \varphi(y, C_1),$$

即

$$\frac{\mathrm{d}y}{\mathrm{d}x} = \varphi(y, C_1),$$

分离变量,得

$$\frac{\mathrm{d}y}{\varphi(y, C_1)} = \mathrm{d}x \qquad (\varphi(y, C_1) \neq 0),$$

两端积分,得原方程的通解为

$$\int \frac{\mathrm{d}y}{\varphi(y, C_1)} = x + C_2.$$

例 3　解微分方程 $y'' + y'^2 = 0$.

解　令 $y' = p$,则 $y'' = p\dfrac{\mathrm{d}p}{\mathrm{d}y}$,代入原方程,得

$$p\frac{\mathrm{d}p}{\mathrm{d}y} + p^2 = 0,$$

若 $p \neq 0$,则

$$\frac{\mathrm{d}p}{p} = -\mathrm{d}y,$$

两端积分,得

$$\ln p = -y + \ln C_1,$$

即

$$p = C_1 \mathrm{e}^{-y},$$

或

$$\frac{\mathrm{d}y}{\mathrm{d}x} = C_1 \mathrm{e}^{-y},$$

再积分,得

$$\mathrm{e}^y = C_1 x + C_2,$$

或

$$y = \ln|C_1 x + C_2|;$$

若 $p = 0$,即 $y' = 0$,得 $y = C$.它显然满足原方程,但 $y = C$ 也含在 $y = \ln|C_1 x + C_2|$ 中(令 $C_1 = 0$,便得),故原方程的通解为

$$y = \ln|C_1 x + C_2|.$$

习题 7-5

1. 求下列微分方程的通解:

(1)$y'' = x + \sin x$;   (2)$y''' = xe^x$;

(3)$xy'' + y' = 0$;   (4)$y'' = (y')^3 + y'$.

2. 求下列微分方程满足所给初始条件的特解:

(1)$y^3 y'' + 1 = 0$,$y|_{x=1} = 1$,$y'|_{x=1} = 0$;

(2)$y'' = y' + x$,$y|_{x=0} = y'|_{x=0} = 1$.

3. 试求 $y'' = x$ 的经过点 $M(0,1)$ 且在此点与直线 $y = \dfrac{x}{2} + 1$ 相切的积分曲线.

4. 质量为 m 的质点受力 F 的作用沿 ox 轴作直线运动,设力 F 仅是时间 t 的函数 $F = F(t)$,开始时刻 $t = 0$ 时,$F(0) = F_0$,随着时间 t 的增大,力 F 均匀减小,直到 $t = T$ 时,$F(T) = 0$,如果开始运动时,质点位于原点且初速为零,求质点的运动规律.

§7-6　二阶线性微分方程的解的结构

1. 二阶线性微分方程的基本概念

定义7　形如

$$y'' + p(x)y' + q(x)y = f(x) \tag{7-11}$$

的方程叫做二阶线性微分方程. 其中 $P(x)$、$q(x)$、$f(x)$ 都是已知连续函数. $f(x)$ 叫做微分方程(7-11)式的自由项.

若 $f(x) \equiv 0$,则方程

$$y'' + p(x)y' + q(x)y = 0 \tag{7-12}$$

叫做与微分方程(7-11)式对应的二阶线性齐次微分方程.

若 $f(x) \not\equiv 0$,则微分方程(7-11)式叫做二阶线性非齐次微分方程.

若 $p(x) = p$,$q(x) = q$ 是常数,则微分方程(7-11)式和(7-12)式分别叫做二阶常系数线性非齐次(或齐次)微分方程.

2. 二阶线性齐次微分方程的解的结构

定义8　设 $y_1(x)$,$y_2(x)$ 是定义在区间 I 上的两个函数,若它们的比 $\dfrac{y_1(x)}{y_2(x)} = $ 常数,则称 $y_1(x)$ 与 $y_2(x)$ 在区间 I 上是线性相关的. 若 $\dfrac{y_1(x)}{y_2(x)} \neq $ 常数,则称 $y_1(x)$ 与 $y_2(x)$ 在区间上是线性无关的.

例如,因为 $\dfrac{2e^x}{e^x} = 2$,所以 $2e^x$ 与 e^x 在任何区间上线性相关,因为 $\dfrac{\sin x}{\cos x} = \tan x \neq$ 常数,在 $x \neq k\pi - \dfrac{\pi}{2}$ 时,$\sin x$ 与 $\cos x$ 线性无关.

定理1　如果 y_1,y_2 是二阶线性齐次微分方程(7-12)式的解,那么 $y = C_1 y_1$

$+C_2y_2$ 也是该方程的解.

证 因为 y_1,y_2 是微分方程(7—12)式的解,所以有

$$y''_1 + p(x)y'_1 + q(x)y_1 = 0$$
$$y''_2 + p(x)y'_2 + q(x)y_2 = 0$$

用 $C_1y_1 + C_2y_2$ 代入微分方程(7—12)式的左边,并利用上面两式得

$$(C_1y_1 + C_2y)'' + p(x)(C_1y_1 + C_2y)' + q(x)(C_1y_1 + C_2y)$$
$$= C_1(y''_1 + p(x)y'_1 + q(x)y_1) + C_2(y''_2 + p(x)y'_2 + q(x)y_2) = 0$$

这就证明了 $y = C_1y_1 + C_2y_2$ 仍是微分方程(7—12)式的解.

$C_1y_1 + C_2y_2$ 常叫做 y_1 与 y_2 的叠加,故定理 1 又叫做线性齐次微分方程解的叠加原理.

若 y_1、y_2 是微分方程(7—12)式两个线性相关的解,即 $\dfrac{y_1}{y_2} = k$(常数),则 $y_1 = ky_2$,于是

$$C_1y_1 + C_2y_2 = C_1ky_2 + C_2y_2 = (C_1k + C_2)y_2 = Cy_2$$

这时两个任意常数 C_1、C_2 就合并为一个常数 C,故 $C_1y_1 + C_2y_2$ 就不是微分方程(7—12)式的通解.

若 y_1、y_2 是微分方程(7—12)式两个线性无关的解,则 $C_1y_1 + C_2y_2$ 中的两个任意常数就不能合并,故把 $C_1y_1 + C_2y_2$ 叫做微分方程(7—12)式的通解,于是,我们有如下定理:

定理 2 如果 y_1、y_2 是二阶线性齐次微分方程(7—12)式的两个线性无关的解,那么 $y = C_1y_1 + C_2y_2$ 是该微分方程的通解.

3. 二阶线性非齐次微分方程的解的结构

定理 3 如果 y_1 是微分方程

$$y'' + p(x)y' + q(x)y = f_1(x) \qquad\qquad (7-13)$$

的解,y_2 是微分方程

$$y'' + p(x)y' + q(x)y = f_2(x) \qquad\qquad (7-14)$$

的解,则 $y_1 + y_2$ 是微分方程

$$y'' + p(x)y' + q(x)y = f_1(x) + f_2(x) \qquad\qquad (7-15)$$

的解.

证 用 $y_1 + y_2$ 代入微分方程(7—15)式的左边,并利用(7—13)式和(7—14)式,则有

$$(y_1 + y_2)'' + p(x)(y_1 + y_2)' + q(x)(y_1 + y_2)$$
$$= (y''_1 + p(x)y'_1 + q(x)y_1) + (y''_2 + p(x)y'_2 + q(x)y_2)$$
$$= f_1(x) + f_2(x),$$

这就证明了 $y_1 + y_2$ 是微分方程(7—15)式的解.

定理 3 也叫叠加原理,显然与定理 1 的叠加原理是不相同的.

定理 4 如果 y^* 是二阶线性非齐次微分方程

$$y'' + p(x)y' + q(x)y = f(x) \qquad\qquad (7-16)$$

的一个特解,y_1,y_2 是对应的二阶线性齐次微分方程

$$y'' + p(x)y' + q(x)y = 0 \qquad\qquad (7-17)$$

的两个线性无关的解,则二阶线性非齐次微分方程(7—16)式的通解为

$$y = y* + C_1 y_1 + C_2 y_2 \qquad\qquad (7-18)$$

其中 C_1,C_2 是任意常数.

定理 4 完全可以在定理 3 的基础上进行证明.事实上,在(7—13)式中令 $f_1(x) = f(x)$,在(7—14)式中令 $f_2(x) = 0$,于是(7—15)式变成了(7—16)式,用 $y*$ 取代(7—13)式中的 y_1,用 $C_1 y_1 + C_2 y_2$ 取代(7—14)式中的解 y_2,而 y_1,y_2 又线性无关,所以由定理 3 知,$y* + C_1 y_1 + C_2 y_2$ 是二阶线性非齐次微分方程(7—16)式的解,并且是通解.

定理 4 指出,一个二阶线性非齐次方程的通解等于其对应的二阶线性齐次微分方程的通解和其本身的一个特解之和.

例 1 验证 $y_1 = \cos\omega x,y_2 = \sin\omega x$ 都是二阶线性齐次微分方程 $y'' + \omega^2 y = 0$ 的解,并写出该方程的通解.

解 由 $y_1 = \cos\omega x$ 得 $y'_1 = -\omega\sin\omega x$,$y''_1 = -\omega^2\cos\omega x$,代入方程左边,得

$$-\omega^2\cos\omega x + \omega^2\cos\omega x = 0$$

故 y_1 是方程的解.

由 $y_2 = \sin\omega x$ 得 $y'_2 = \omega\cos\omega x$,$y''_2 = -\omega^2\sin\omega x$,代入方程左边,得

$$-\omega^2\sin\omega x + \omega^2\sin\omega x = 0$$

故 y_2 是方程的解.

而 $\dfrac{y_1}{y_2} = \dfrac{\cos\omega x}{\sin\omega x} = \cot\omega x \neq$ 常数,因此,$y_1 = \cos\omega x,y_2 = \sin\omega x$ 线性无关,于是方程 $y'' + \omega^2 y = 0$ 的通解为 $y = C_1\cos\omega x + C_2\sin\omega x$.

习题 7-6

1.验证 $y_1 = e^{x^2}$ 及 $y_2 = xe^{x^2}$ 都是 $y'' - 4xy' + (4x^2 - 2)y = 0$ 的解,并写出该方程的通解.

2.证明 $y = C_1 x^2 + C_2 x^2 \ln x$($C_1,C_2$ 是任意常数)是方程 $x^2 y'' - 3xy' + 4y = 0$ 的通解.

3. 设 y_1，y_2 都是 $y'' + p(x)y' + q(x)y = f(x)$ 的解，证明函数 $y = y_1 - y_2$ 必是相应齐次方程 $y'' + p(x)y' + q(x)y = 0$ 的解.

4. 若已知 $y_1 = x^2$，$y_2 = x + x^2$，$y_3 = e^x + x^2$ 都是方程 $(x-1)y'' - xy' + y = -x^2 + 2x - 2$ 的解，求此方程的通解.

5. 设 $y_1 = \varphi(x)$ 是方程 $y'' + p(x)y' + q(x)y = 0$ 的一个解，设 $y_2 = y_1 u(x)$，求出与 y_1 线性无关的解 y_2，并写出所给方程的通解.

§7-7 二阶常系数线性微分方程

1. 二阶常系数线性齐次方程

二阶常系数线性齐次微分方程为

$$y'' + py' + qy = 0, \tag{7-19}$$

其中 p，q 为已知实常数.

这种方程的解法不需要积分，而只用代数方法就可求出通解.

由 §7-6 定理 2 知，要求微分方程(7-19)式的通解，只要求它的两个线性无关的解 y_1、y_2 即可.

当 r 是常数时，指数函数 $y = e^{rx}$ 和它的各阶导数只差一个常数因子，又微分方程(7-19)式中 p、q 都是常数，所以我们猜测微分方程(7-19)式有形如

$$y = e^{rx} \tag{7-20}$$

的解. 因此我们用 $y = e^{rx}$ 来尝试，看能否选取适当的常数 r，使 $y = e^{rx}$ 满足微分方程(7-19)式，为此将 $y = e^{rx}$ 及 $y' = re^{rx}$，$y'' = r^2 e^{rx}$ 代入微分方程(7-19)式得

$$e^{rx}(r^2 + pr + q) = 0$$

即

$$r^2 + pr + q = 0. \tag{7-21}$$

由上面的分析可知，若函数 $y = e^{rx}$ 是微分方程(7-19)式的解，则 r 必须满足方程(7-21)式. 反之，若 r 是方程(7-21)式的一个根，就必有 $e^{rx}(r^2 + pr + q) = 0$，这说明 $y = e^{rx}$ 是微分方程(7-19)式的一个解.

方程(7-21)式是一个以 r 为未知数的一元二次方程，它叫做微分方程(7-19)式的特征方程. 其中 r^2 和 r 的系数以及常数项恰好依次是微分方程(7-19)式中 y''、y' 及 y 的系数. 特征方程(7-21)式的根 r_1 和 r_2 称为特征根.

特征方程(7-21)式的特征根为 $r_{1,2} = \dfrac{-p \pm \sqrt{p^2 - 4q}}{2}$，它们有以下三种情形：

(1)当 $p^2 - 4q > 0$ 时，r_1，r_2 是两个不相等的实根：

$$r_1 = \frac{-p + \sqrt{p^2 - 4q}}{2}, r_2 = \frac{-p - \sqrt{p^2 - 4q}}{2}$$

于是
$$y_1 = e^{r_1 x} \text{ 和 } y_2 = e^{r_2 x}$$
都是微分方程(7-19)式的解,可以判定 y_1, y_2 线性无关,所以微分方程(7-19)式的通解为

$$y = C_1 e^{r_1 x} + C_2 e^{r_2 x}.$$

(2)当 $p^2 - 4q = 0$ 时,r_1, r_2 是两个相等实根:

$$r_1 = r_2 = -\frac{p}{2}$$

于是,$y_1 = e^{r_1 x}$ 是微分方程(7-19)式的一个解,须求出另一个与 y_1 线性无关的解 y_2.

设 $\dfrac{y_2}{y_1} = u(x)$,即 $y_2 = e^{r_1 x} u(x)$,下面求 $u(x)$,对 y_2 求导,得

$$y_2' = e^{r_1 x}(u' + r_1 u) , \quad y_2'' = e^{r_1 x}(u'' + 2r_1 u' + r_1^2 u)$$

将 y_2, y_2', y_2'' 代入微分方程(7-19)式,得

$$e^{r_1 x}[(u'' + 2r_1 u' + r_1^2 u) + p(u' + r_1 u) + qu] = 0$$

约去 e^{rx},并以 u'', u', u 为准合并同类项,得

$$u'' + (2r_1 + p)u' + (r_1^2 + pr_1 + q)u = 0$$

由于 r_1 是特征方程(7-21)式的二重根,因此,$r_1^2 + pr_1 + q = 0$ 且 $2r_1 + p = 0$,于是得

$$u'' = 0$$

因为我们只要得到一个不为常数的解,所以不妨选取 $u = x$,因此得微分方程(7-19)式另一个解为

$$y_2 = x e^{r_1 x}$$

于是微分方程(7-19)式的通解为

$$y = C_1 e^{r_1 x} + C_2 x e^{r_2 x} = (C_1 + C_2 x) e^{r_1 x}.$$

(3)当 $p^2 - 4q < 0$ 时,r_1, r_2 是一对共轭虚根:

$$r_1 = \alpha + i\beta, r_2 = \alpha - i\beta$$

其中 $\alpha = -\dfrac{p}{2}, \beta = \dfrac{\sqrt{4q - p^2}}{2}$,此时

$$y_1 = e^{(\alpha + i\beta)x} \text{ 和 } y_2 = e^{(\alpha - i\beta)x}$$

是微分方程(7-19)式的两个线性无关的解,于是其通解为

$$y = C_1 e^{(\alpha + i\beta)x} + C_2 e^{(\alpha - i\beta)x} = e^{\alpha x}(C_1 e^{i\beta x} + C_2 e^{-i\beta x}).$$

下面我们把通解化成实数形式,利用欧拉公式:

$$e^{i\theta} = \cos\theta + i\sin\theta, e^{-i\theta} = \cos\theta - i\sin\theta \qquad (7-22)$$

于是我们有

$$y_1 = e^{\alpha x}(\cos\beta x + i\sin\beta x), y_2 = e^{\alpha x}(\cos\beta x - i\sin\beta x)$$

由 §7-6 定理 1 知,实函数

$$\frac{1}{2}(y_1 + y_2) = e^{\alpha x}\cos\beta x, \frac{1}{2i}(y_1 - y_2) = e^{\beta x}\sin\beta x$$

仍是微分方程(7-19)式的解,并且

$$\frac{e^{\alpha x}\cos\beta x}{e^{\alpha x}\sin\beta x} = \cot\beta x \neq 常数,$$

即两个实函数是线性无关的,所以得到微分方程(7-19)式的通解为

$$y = e^{\alpha x}(C_1\cos\beta x + C_2\sin\beta x).$$

综上所述,求 $y'' + py' + qy = 0$ 的通解步骤如下:

(1)写出特征方程 $r^2 + pr + q = 0$;

(2)求出特征根 r_1, r_2,并写出通解.

$y'' + py' + qy = 0$ 的通解总结如下表:

特征方程 $r^2 + pr + q = 0$ 有根 r_1、r_2	$y'' + py' + qy = 0$ 的通解
实根 $r_1 \neq r_2$	$y = C_1 e^{r_1 x} + C_2 e^{r_2 x}$
实根 $r_1 = r_2$	$y = (C_1 + C_2 x) e^{r_1 x}$
虚根 $r_{1,2} = \alpha \pm i\beta$	$y = e^{\alpha x}(C_1\cos\beta x + C_2\sin\beta x)$

例 1　求微分方程 $y'' - 6y' - 7y = 0$ 的通解.

解　特征方程 $r^2 - 6r - 7 = 0$ 的特征根为 $r_1 = -1, r_2 = 7$,故原方程的通解为

$$y = C_1 e^{-x} + C_2 e^{7x}.$$

例 2　求微分方程 $y'' - 10y' + 25y = 0$ 满足初始条件 $y|_{x=0} = 1, y'|_{x=0} = -1$ 的特解.

解　特征方程 $r^2 - 10r + 25 = 0$ 的特征根为 $r_1 = r_2 = 5$,故原方程的通解为

$$y = (C_1 + C_2 x) e^{5x}$$

用 $y|_{x=0} = 1$ 代入,得 $C_1 = 1$

故　　　　　　　　　　　　$y = e^{5x} + C_2 x e^{5x}$

$$y' = 5e^{5x} + C_2(e^{5x} + 5x e^{5x})$$

用 $y'|_{x=0} = -1$ 代入,得 $C_2 = -6$,于是所求特解为

$$y = e^{5x}(1 - 6x).$$

例 3　微分方程 $y'' - 2y' + 5y = 0$ 的一条积分曲线通过点 $(0,1)$,且在该点和直线 $x + y = 1$ 相切,求这条曲线.

解 特征方程 $r^2-2r+5=0$ 的特征根为 $r_1=1+2i$ ，$r_2=1-2i$ ，故原方程的通解为

$$y = e^x(C_1\cos 2x + C_2\sin 2x),$$

求通解的导数得

$$y'=e^x(C_1\cos 2x+C_2\sin 2x)+e^x(-2C_1\sin 2x+2C_2\cos 2x),$$

用初始条件 $y|_{x=0}=1$ ，$y'|_{x=0}=-1$ 分别代入 y 及 y' 得 $C_1=1$ ，$C_2=-1$ ，故所求曲线方程为

$$y=e^x(\cos 2x-\sin 2x).$$

2. 二阶常系数线性非齐次微分方程

二阶常系数线性非齐次微分方程为

$$y''+py'+qy=f(x), \tag{7-23}$$

其中 p,q 是常数.

由 §7-6 定理 4 可知，要求微分方程(7-23)式的通解，只要求对应的二阶常系数线性齐次微分方程

$$y''+py'+qy=0 \tag{7-24}$$

的通解 Y 和微分方程(7-23)式本身的一个特解 $y*$，故微分方程(7-23)式的通解为

$$y=Y+y*. \tag{7-25}$$

求微分方程(7-24)式的通解 Y 前面已经解决，下面我们讨论如何求微分方程(7-23)式本身的一个特解 $y*$.

我们只就微分方程(7-23)式中 $f(x)$ 的两种常见形式(也是常用形式)讨论求 $y*$ 的方法，这种方法仍然不用积分，我们把它叫做待定系数法.

(1) $f(x)=e^{\lambda x}P_m(x)$ 型

$f(x)$ 表达式中 λ 是常数，$p_m(x)$ 是 x 的一个 m 次多项式，即

$$P_m(x)=a_0x^m+a_1x^{m-1}+\cdots+a_{m-1}x+a_m.$$

由于右端 $f(x)=e^{\lambda x}P_m(x)$，即指数函数与多项式的乘积，而这种乘积的导数仍然保持同样的形式，因此，可设二阶常系数线性非齐次方程(7-23)式的特解为

$$y*=e^{\lambda x}Q(x), \tag{7-26}$$

其中 $Q(x)$ 是一个待定多项式，求 $y*$ 的一、二阶导数得

$$y*'=e^{\lambda x}[\lambda Q(x)+Q'(x)],$$

$$y*''=e^{\lambda x}[\lambda^2Q(x)+2\lambda Q'(x)+Q''(x)],$$

用 $y*,y*',y*''$ 代入二阶常系数线性非齐次微分方程(7-23)式，以 $Q''(x)$，$Q'(x),Q(x)$ 为准整理得

$$e^{\lambda x}[Q''(x)+(2\lambda+P)Q'(x)+(\lambda^2+p\lambda+q)Q(x)]=e^{\lambda x}P_m(x)$$

约去 $e^{\lambda x} \neq 0$, 得

$$[Q''(x) + (2\lambda + P)\ Q'(x) + (\lambda^2 + p\lambda + q)Q(x)] = P_m(x). \qquad (7-27)$$

①当 λ 不是特征方程的根时, 则 $\lambda^2 + p\lambda + q \neq 0$, 由于 $(7-27)$ 式右端 $p_m(x)$ 是 x 的一个 m 次多项式, 为使两端恒等, $Q(x)$ 也应是 x 的一个 m 次多项式, 即

$$Q(x) = b_0 x^m + b_1 x^{m-1} + \cdots b_{m-1} x + b_m = Q_m(x),$$

其中 $b_0, b_1, \cdots, b_m$ 是待定系数. 此时可设微分方程 $(7-23)$ 式的特解 $y*$ 为

$$y* = e^{\lambda x} Q_m(x).$$

②当 λ 是特征方程的单根时, 则 $\lambda^2 + p\lambda + q = 0$, 而 $2\lambda + p \neq 0$, 此时 $(7-27)$ 式变为

$$Q''(x) + (2\lambda + p)Q'(x) = P_m(x)$$

显然, 为使两端恒等, 可取 $Q(x) = xQ_m(x)$, 于是微分方程 $(7-23)$ 式的特解 $y*$ 可设为

$$y* = xe^{\lambda x} Q_m(x).$$

③当 λ 是特征方程的重根时, 则 $\lambda^2 + p\lambda + q = 0$, 且 $2\lambda + p = 0$, 此时 $(7-27)$ 式变为

$$Q''(x) = P_m(x),$$

显然, 为使左右两端相等, 可取 $Q(x) = x^2 Q_m(x)$, 于是微分方程 $(7-23)$ 式的特解 $y*$ 可设为

$$y* = x^2 e^{\lambda x} Q_m(x).$$

综上所述, 微分方程 $(7-23)$ 式右端 $f(x) = e^{\lambda x} P_m(x)$ 时, 其特解 $y*$ 设法总结如下表:

特征方程 $\lambda^2 + p\lambda + q = 0$	特解 $y*$ 的设法
λ 不是特征根	$y* = e^{\lambda x} Q_m(x)$
λ 是特征单根	$y* = xe^{\lambda x} Q_m(x)$
λ 是特征重根	$y* = x^2 e^{\lambda x} Q_m(x)$

例 4 求微分方程 $y'' - y' - 2y = (x+1)e^x$ 的一个特解.

解 对应齐次方程的特征方程为 $\lambda^2 - \lambda - 2 = 0$, 解得特征根为 $\lambda_1 = -1, \lambda_2 = 2$, 而 $f(x) = (x+1)e^x$, $\lambda = 1$ 显然不是特征根, 故设所求特解为

$$y* = (b_0 x + b_1)e^x$$

求 $y*$ 的一、二阶导数得

$$y*' = b_0 e^x + (b_0 x + b_1)e^x, \quad y*'' = 2b_0 e^x + (b_0 x + b_1)e^x$$

用 $y*, y*', y*''$ 代入原方程并合并同类项得

$$b_0 e^x - 2(b_0 x + b_1)e^x = xe^x + e^x$$

$$-2b_0x+b_0-2b_1=x+1$$

比较两端 x 同次幂的系数,得

$$\begin{cases} -2b_0=1 \\ b_0-2b_1=1 \end{cases}, \quad 解得 \begin{cases} b_0=-\dfrac{1}{2} \\ b_1=-\dfrac{3}{4} \end{cases}$$

故所求特解为

$$y*=\left(-\frac{1}{2}x-\frac{3}{4}\right)\mathrm{e}^x.$$

例 5　求微分方程 $y''-2y'-3y=3\mathrm{e}^{-x}$ 的通解.

解　①先求对应齐次方程 $y''-y'-3y=0$ 的通解 Y:

特征方程 $r^2-2r-3=0$ 的特征根为 $r_1=-1,r_2=3$. 故对应的齐次方程的通解为

$$Y=C_1\mathrm{e}^{-x}+C_2\mathrm{e}^{3x}.$$

②再求原方程的一个特解 $y*$:

由于 $f(x)=3\mathrm{e}^{-x},\lambda=-1$ 是特征单根,又 $P_m(x)=3$ 故设特解为

$$y*=Ax\mathrm{e}^{-x},$$

求 $y*$ 的一、二阶导数,得

$$y*{}'=A\mathrm{e}^{-x}(1-x)\ ,\ y*{}''=A\mathrm{e}^{-x}(x-2)$$

用 $y*,y*{}',y*{}''$ 代入原方程并合并同类项,得

$$-4A=3\ ,\ A=-\frac{3}{4}$$

故原方程的一个特解为

$$y*=-\frac{3}{4}x\mathrm{e}^{-x},$$

由(7-25)式知原方程的通解为

$$y=Y+y*=C_1\mathrm{e}^{-x}+C_2\mathrm{e}^{3x}-\frac{3}{4}x\mathrm{e}^{-x}$$

即

$$y=(C_1-\frac{3}{4}x)\mathrm{e}^{-x}+C_2\mathrm{e}^{3x}.$$

(2) $f(x)=\mathrm{e}^{\lambda x}(A\cos\omega x+B\sin\omega x)$ 型

$f(x)$ 表达式中的 λ,ω,A,B 都是已知常数,此时特解 $y*$ 的设法如下表(不作讨论)

特征方程 $\lambda^2 + p\lambda + q = 0$	特解 $y*$ 的设法
$\lambda \pm i\omega$ 不是特征根	$y* = \mathrm{e}^{\lambda x}(C_1\cos\omega x + C_2\sin\omega x)$
$\lambda \pm i\omega$ 是特征根	$y* = x\mathrm{e}^{\lambda x}(C_1\cos\omega x + C_2\sin\omega x)$

其中 C_1, C_2 是待定常数.

例 6 求微分方程 $y'' + 3y' + 2y = \mathrm{e}^{-x}\cos x$ 的通解.

解 ①先求对应的齐次方程 $y'' + 3y' + 2y = 0$ 的通解 Y:

特征方程 $r^2 + 3r + 2 = 0$ 的特征根为 $r_1 = -1, r_2 = -2$,故对应的齐次方程的通解为

$$Y = C_1\mathrm{e}^{-x} + C_2\mathrm{e}^{-2x}.$$

②再求原方程的一个特解 $y*$:

由于 $f(x) = \mathrm{e}^{-x}\cos x, \lambda = -1, \omega = 1$,显然,$-1 \pm i$ 不是特征方程 $\lambda^2 + 3\lambda + 2 = 0$ 的根,故特解 $y*$ 可设为

$$y* = \mathrm{e}^{-x}(A\cos x + B\sin x)$$

求 $y*$ 的一、二阶导数,得

$$y*' = \mathrm{e}^{-x}[(B-A)\cos x - (A+B)\sin x]$$
$$y*'' = \mathrm{e}^{-x}(2A\sin x - 2B\cos x)$$

用 $y*, y*', y*''$ 代入原方程合并同类项,得

$$\mathrm{e}^{-x}[(-A+B)\cos x - (A+B)\sin x] = \mathrm{e}^{-x}\cos x$$
$$(B-A)\cos x - (B+A)\sin x = \cos x,$$

比较两端 $\cos x$ 及 $\sin x$ 前面的系数,得

$$\begin{cases} B - A = 1 \\ -B - A = 0 \end{cases}, \quad 解得 \begin{cases} A = -\dfrac{1}{2} \\ B = \dfrac{1}{2} \end{cases}$$

故原方程的一个特解为

$$y* = \mathrm{e}^{-x}\left(-\frac{1}{2}\cos x + \frac{1}{2}\sin x\right) = \frac{1}{2}\mathrm{e}^{-x}(\sin x - \cos x)$$

由$(7-25)$式知原方程的通解为

$$y = Y + y* = C_1\mathrm{e}^{-x} + C_2\mathrm{e}^{-2x} + \frac{1}{2}\mathrm{e}^{-x}(\sin x - \cos x)$$
$$= \mathrm{e}^{-x}\left(C_1 + \frac{1}{2}\sin x - \frac{1}{2}\cos x\right) + C_2\mathrm{e}^{-2x}.$$

例 7 求微分方程 $y'' + 2y' = \sin^2 x$ 的通解.

解 ①求得对应齐次微分方程 $y'' + 2y' = 0$ 的通解为

$$Y = C_1 + C_2 e^{-2x}.$$

②求微分方程 $y'' + 2y' = \sin^2 x$ 的一个特解 y^*：

由于 $f(x) = \sin^2 x = \dfrac{1}{2} - \dfrac{1}{2}\cos 2x$，所以设微分方程 $y'' + 2y' = \dfrac{1}{2}$ 的特解为 y_1^*，

微分方程 $y'' + 2y' = -\dfrac{1}{2}\cos 2x$ 的特解为 y_2^*，即 $y^* = y_1^* + y_2^*$

对微分方程 $y'' + 2y' = \dfrac{1}{2}$，求得特解 $y_1^* = \dfrac{1}{4}x$

对微分方程 $y'' + 2y' = -\dfrac{1}{2}\cos 2x$，求得特解

$$y_2^* = \dfrac{1}{16}\cos 2x - \dfrac{1}{16}\sin 2x$$

故原微分方程的通解为

$$y = C_1 + C_2 e^{-2x} + \dfrac{1}{4}x + \dfrac{1}{16}\cos 2x - \dfrac{1}{16}\sin 2x.$$

习题 7-7

1.求下列微分方程的通解：

(1) $y'' - 2y' - 3y = 0$；　　　　　　　　(2) $y'' - 2y' + 5y = 0$；

(3) $y'' + 6y' + 9y = 0$.

2.求下列微分方程的通解：

(1) $2y'' + y' - y = 2e^x$；　　　　　　　　(2) $2y'' + 5y' = 5x^2 - 2x - 1$；

(3) $y'' - 6y' + 9y = e^{3x}(x+1)$.

3.求下列微分方程的通解：

(1) $y'' + 4y = \cos x$；　　　　　　　　　(2) $y'' - 2y' + 5y = e^x \sin 2x$；

(3) $y'' - 7y' + 6y = \sin x$.

4.求下列微分方程满足初始条件的特解：

(1) $y'' + y' - 2y = 2x, y|_{x=0} = 0, y'|_{x=0} = 3$；

(2) $y'' + y + \sin 2x = 0, y|_{x=\pi} = 1, y'|_{x=\pi} = 1$；

(3) $y'' - 3y' + 2y = 5, y|_{x=0} = 1, y'|_{x=0} = 2$.

5.在电阻 R，电感 L 与电容 C 的串联电路中，电源电压 $E = 5\sin 10t, R = 6$ 欧，$L = 1$ 亨，$C = 0.2$ 法，电容的初始电压为零，设开关闭合时 $t = 0$，求开关闭合后回路中的电流.

6.一质量为 m 的潜水艇从水面由静止状态开始下降，所受阻力与下降速度成

正比(比例系数为 k),求潜水艇下降深度 x 与时间 t 的函数关系.

本章小结

一、微分方程的基本概念；

1. 微分方程：含有未知函数的导数(或微分)的方程.

2. 微分方程的阶：微分方程中出现的未知函数的最高阶导数的阶数.

3. 微分方程的解：使微分方程成为恒等式的函数.

4. 微分方程的通解：若微分方程的解中含有任意常数且任意常数的个数与该方程的阶数相等,则称这个解为微分方程的通解.

5. 微分方程的特解：利用题设中的条件把通解中的任意常数求出后,得到的解叫做微分方程的特解.

6. 初始条件：用来求特解的条件.

7. 解微分方程：求微分方程的解的过程.

二、一阶线性微分方程的解法

类型		微分方程	解法
可分离变量		$\dfrac{\mathrm{d}y}{\mathrm{d}x}=f(x)g(y)$	分离变量 $\dfrac{1}{g(x)}\mathrm{d}y=f(x)\mathrm{d}x$, 两边积分 $\displaystyle\int \dfrac{1}{g(x)}\,\mathrm{d}y=\int f(x)\mathrm{d}x$
一阶线性	齐次	$y'+p(x)y=0$	分离变量,两边积分或用公式 $y=C\mathrm{e}^{-\int p(x)\mathrm{d}x}$
一阶线性	非齐次	$y'+p(x)y=q(x)$	通解公式 $y=\mathrm{e}^{-\int p(x)\mathrm{d}x}\left[\displaystyle\int q(x)\mathrm{e}^{\int p(x)\mathrm{d}x}\mathrm{d}x+C\right]$

三、二阶常系数线性微分方程的解法

1. $y''+py'+qy=0$ 的通解总结如下表：

特征方程 $r^2+pr+q=0$ 有根 r_1、r_2	$y''+py'+qy=0$ 的通解
实根 $r_1\neq r_2$	$y=C_1\mathrm{e}^{r_1x}+C_2\mathrm{e}^{r_2x}$
实根 $r_1=r_2$	$y=(C_1+C_2x)\mathrm{e}^{r_1x}$
虚根 $r_{1,2}=\alpha\pm i\beta$	$y=\mathrm{e}^{\alpha x}(C_1\cos\beta x+C_2\sin\beta x)$

2. $y''+py'+qy=f(x)$

(1) $f(x)=\mathrm{e}^{\lambda x}P_m(x)$ 时特解的设法

特征方程 $\lambda^2 + p\lambda + q = 0$	特解 $y*$ 的设法
λ 不是特征根	$y* = e^{\lambda x} Q_m(x)$
λ 是特征单根	$y* = x e^{\lambda x} Q_m(x)$
λ 是特征重根	$y* = x^2 e^{\lambda x} Q_m(x)$

(2) $f(x) = e^{\lambda x}(A\cos\omega x + B\sin\omega x)$ 时特解的设法

特征方程 $\lambda^2 + p\lambda + q = 0$	特解 $y*$ 的设法
$\lambda \pm i\omega$ 不是特征根	$y* = e^{\lambda x}(C_1\cos\omega x + C_2\sin\omega x)$
$\lambda \pm i\omega$ 是特征根	$y* = x e^{\lambda x}(C_1\cos\omega x + C_2\sin\omega x)$

测试题七

一、填空题

1. ＿＿＿＿＿＿＿＿＿＿＿＿＿＿＿＿＿＿＿＿叫做微分方程.

2. 可分离变量的微分方程的一般形式是＿＿＿＿＿＿＿＿.

3. 微分方程 $\dfrac{\mathrm{d}y}{\mathrm{d}x} = \dfrac{1}{x}$ 的通解是＿＿＿＿＿＿＿＿.

4. 微分方程 $y' - 2y = 0$ 的通解是＿＿＿＿＿＿＿＿.

5. 微分方程 $y'' - 5y' + 6y = 0$ 的特征方程是＿＿＿＿＿＿＿＿.

二、选择题

1. 下列方程中,不是微分方程的是(   ).

 A. $(x-1)\mathrm{d}x - (y+1)\mathrm{d}y = 0$ B. $y'' = x^2 + y^2$

 C. $y = 2x + 5$ D. $\dfrac{\mathrm{d}^2 x}{\mathrm{d}t^2} - x = \sin t$

2. 微分方程 $x^2 y'' + x(y')^3 + x^4 = 1$ 的阶数是(   ).

 A. 一阶   B. 二阶

 C. 三阶   D. 四阶

3. $y'' = \cos x$ 的通解是(   )

 A. $y = \sin x$ B. $y = \sin x + C$

 C. $y = -\cos x + C_1 x + C_2$ D. $y = -\cos x + C_1 x$

4. $y' + 2xy = 0, y|_{x=0} = 1$ 的特解是(   )

 A. $y = e^{-x^2}$ B. $y = -e^{-x^2}$

C. $y = e^{x^2}$ D. $y = -e^{x^2}$

5. 微分方程 $y'' - 7y' + 10y = 0$ 的特征方程是（　　　　）

    A. $r^2 - 7r + 10 = 0$ B. $r^2 + 10r - 7 = 0$

    C. $r^2 + 7r - 10 = 0$ D. $r^2 - 10r + 7 = 0$

三、判断题

1. 若微分方程的解中含有任意常数，则称这个解为微分方程的通解.　（　　　）

2. 方程 $y^2 y'^2 + y^2 = 1$ 是二阶的微分方程.　（　　　）

3. $y = 5x^2$ 是方程 $xy' = 2y$ 的一个解.　（　　　）

4. 如果 y_1, y_2 是方程 $y'' + p(x)y' + q(x)y = 0$ 的解，那么 $y = C_1 y_1 + C_2 y_2$ 是该方程的通解（其中 C_1, C_2 是任意常数）.　（　　　）

5. 如果 $y*$ 是方程 $y'' + p(x)y' + q(x)y = f(x)$ 的一个特解，y_1, y_2 是对应的齐次微分方程 $y'' + p(x)y' + q(x)y = 0$ 的两个线性无关的解，则方程式的通解为 $y = y* + C_1 y_1 + C_2 y_2$，其中 C_1, C_2 是任意常数.　（　　　）

四、解答题

1. 求下列微分方程的通解：

(1) $\dfrac{\mathrm{d}y}{\mathrm{d}x} = 3x^2$；

(2) $y' - 3xy = x$；

(3) $y''' = \cos t$；

(4) $2y\,\mathrm{d}x + x\,\mathrm{d}y - xy\,\mathrm{d}y = 0$；

(5) $y' + y = \cos x$；

(6) $y' - 4y = e^{3x}$；

(7) $x^2 y'' + xy' = 1$；

(8) $y'' + y' - 2y = 0$；

(9) $y'' + 4y' + 3y = 5\sin x$；

(10) $y'' + 9y' = 6\sin 3x$.

2. 求下列微分方程的特解：

(1) $y'' + 12y' + 36y = 0, y|_{x=0} = 4, y'|_{x=0} = 2$；

(2) $y' - \dfrac{x}{1+x^2} y = x + 1, y|_{x=0} = \dfrac{1}{2}$；

(3) $y' + 2xy = xe^{-x^2}, y|_{x=0} = 1$；

(4) $(1 + e^x) yy' = e^y, y|_{x=0} = 0$；

(5) $y'' + 6y' + 9y = 5xe^{-3x}, y|_{x=0} = 0, y'|_{x=0} = 2$.

3. 已知二阶常系数线性齐次方程的一个特解为 $y = e^{2x}$，对应的特征方程的判别式等于 0，求此微分方程满足初始条件 $y|_{x=0} = 1, y'|_{x=0} = 1$ 的特解.

4. 一个质量为 4kg 的物体挂在弹簧上，弹簧伸长了 0.01m. 现将弹簧拉长 0.02m，然后放开，求弹簧的运动规律（设阻尼系数为 0）.

参考答案

第一章

习题 1-1

1. $\sin x = -\dfrac{3\sqrt{13}}{13}, \cos x = \dfrac{2\sqrt{13}}{13}, \tan x = -\dfrac{3}{2},$

   $\cot x = -\dfrac{2}{3}, \sec x = \dfrac{\sqrt{13}}{2}, \csc x = -\dfrac{\sqrt{13}}{3}.$

2. $\cos x = -\dfrac{3}{5}, \tan x = -\dfrac{4}{3}, \cot x = -\dfrac{3}{4}, \sec x = -\dfrac{5}{3}, \csc x = \dfrac{5}{4}.$

3. $\cos x = \pm\dfrac{m\sqrt{1+m^2}}{1+m^2}.$

4. (1) $-\cos 100°;$　　　　　　(2) $\pm\tan x.$

习题 1-2

1. $\cos(x+y) = -\dfrac{140}{221}; \sin(x-y) = \dfrac{21}{221}.$

2. 略

3. $0.96; -0.28; -\dfrac{24}{7}.$

4. $-2.$

5. $0.$

6. $0.75.$

习题 1-3

1. $-20+15i.$

2. -1.

3. $-\dfrac{1}{5}+\dfrac{2}{5}i$.

4. $\sqrt{ai}-\sqrt{ai}$.

5. 400.

6. $\sqrt{2}\left[\cos\left(2x-\dfrac{\pi}{12}\right)+i\sin\left(2x-\dfrac{\pi}{12}\right)\right]$.

测试题一

一、1. ×；2. ×；3. ×；4. √；5. ×；6. ×.

二、1. 0；   2. $\dfrac{3}{5}$；   3. $\dfrac{15\sqrt{3}-8}{34}$；   4. $\sqrt{2}\cos x$；

5. $4\sqrt{3}-4i$；   6. $\cos5x-i\sin5x$；   7. $-8-8\sqrt{3}i$；   8. $64i$.

三、1. D；2. B；3. A；4. C；5. B；6. A.

四、1. (1) 1；(2) 4.

2. $\cot x$.

3. $\cos105°=\dfrac{\sqrt{2}-\sqrt{6}}{4}$；$\cos15°=\dfrac{\sqrt{6}+\sqrt{2}}{4}$.

4. 1.

5. $\dfrac{3}{4}$.

6. $-11i$.

7. $-\dfrac{1}{5}+\dfrac{2}{5}i$.

8. 化成三角形式后,利用复数的相等可得 $\begin{cases} n=2m \\ m=\dfrac{3}{2}k \end{cases}$,当 $k=2$ 时,m,n 分别取最小值 3 和 6.

9. 第三个顶点对应的复数为 $2+\sqrt{3}i$ 或 $\dfrac{1}{2}-\dfrac{\sqrt{3}}{2}i$.

10. 提示:令 $z=\cos\dfrac{\pi}{11}+i\sin\dfrac{\pi}{11}$,则 $z,z^3,\cdots z^9$ 成等比数列,求出等比数列的和后,再利用复数的相等证明之.

第二章

习题 2-1

1. (1) $x \neq k\pi$ 且 $x \neq \dfrac{\pi}{2} + k\pi (k \in \mathbf{Z})$；　　(2) $x \in (-1, 1)$；

(3) $x \in \left[0, \dfrac{1}{5}\right]$；　　　　　　　　　　(4) $x \in [2k\pi, 2k\pi + \pi] (k \in \mathbf{Z})$.

2. (1) 偶；　(2) 奇；　　(3) 奇；　　(4) 非奇非偶.

3. (1) $T = \pi$；(2) $T = 4\pi$；(3) $T = 4\pi$；(4) 不是同期函数.

4. (1) $y = \dfrac{x^3 + 1}{2}$；　　　　　　　　(2) $y = \dfrac{1-x}{1+x}$；

(3) $y = \log_2 \dfrac{x}{1-x}$；　　　　　　(4) $y = 2^{1-x} - 2$.

5. (1) $y = \sqrt[3]{u}, u = 2x - 1$；　　　　(2) $y = \mathrm{e}^u, u = -x$；

(3) $y = \arccos u, u = 1 - x^2$；　　　(4) $y = u^2, u = \cos v, v = 2x + 1$；

(5) $y = \ln u, u = \tan v, v = 3x$；　　(6) $y = \ln u, u = \ln v, v = k^4, k = \ln x$.

6. (1) $y = \sin^2 \dfrac{x+1}{2}$；　　　　　　(2) $y = \sin x^2$.

习题 2-2

1. (1) 0；　(2) 0；　(3) 0；　(4) 1；　(5) 0；　(6) 1.

2. 不存在.

3. -2.

习题 2-3

1. 是无穷小

(1) $x \to \infty$；(2) $x \to \infty$；(3) $x \to k\pi + \dfrac{\pi}{2} (k \in \mathbf{Z})$；(4) $x \to 1$；

是无穷大

(1) $x \to 0$；(2) $x \to -1$；(3) $x \to k\pi (k \in \mathbf{Z})$；(4) $x \to +0$ 或 $x \to +\infty$.

2. (1) 0；　(2) 0；　(3) ∞；　(4) ∞；　(5) ∞；

(6) 0；　(7) ∞；　(8) 0；　(9) 0；　(10) 0.

3. 当 $x \rightarrow 0$ 时 $x^2 - x^3$ 是比 $2x - x^2$ 高阶的无穷小.

4. (1)同阶,不等价；   (2)等价.

5. 略

6. (1) $\dfrac{3}{2}$;   (2) $\dfrac{1}{2}$;   (3) $\lim\limits_{x \to 0} \dfrac{\sin x^n}{(\sin x)^m} = \begin{cases} 0, & m < n \\ 1, & m = n \\ \infty, & m > n \end{cases}$;

(4)2;   (5) $-\sqrt{2}$;   (6) e^{-1};   (7) $\dfrac{n^2 - m^2}{2}$;   (8) $\dfrac{1}{2}$.

习题 2-4

1. (1)2;   (2)4;   (3)7;   (4)4.
2. (1)2;   (2)0;   (3) ∞;   (4) -1.

(5) $\left(\dfrac{3}{2}\right)^{25}$;   (6) $-\dfrac{1}{x^2}$;   (7)2;   (8) $\dfrac{1}{2}$.

习题 2-5

(1) $\dfrac{2}{5}$;   (2)9;   (3)2;   (4)1;

(5) e^{-3};   (6) e^3;   (7) e^6;   (8) e^{-1}.

习题 2-6

1. 函数 $f(x)$ 在 $x = \dfrac{1}{2}$ 处连续在 $x = 1$ 处间断 $x = 2$ 处连续.

2. $(-\infty, -3) \cup (-3, 2) \cup (2, +\infty)$, $\dfrac{1}{2}$, ∞, $-\dfrac{8}{5}$.

3. (1) $x = -2$, 第二类   (2) $x = 1$ 第一类 $x = 2$ 第二类；

(3) $x = -2$ 第二类   (4) $x = 0$ 第一类 $x = k\pi (k \in \mathbf{Z}, k \neq 0)$ 第二类.

4. (1) $\sqrt{5}$;   (2) $\dfrac{1 - e^2}{2}$;   (3) $-\dfrac{\sqrt{2}}{2}$;   (4) $\dfrac{1}{2}$;   (5) -2;   (6)2.

5. $1; -1$.

6. $e^4; e^2$.

9. 200.

测试题二

一、1. ×;2. ×;3. ×;4. ×;5. ×.

二、1. $y=e^u$,$u=\tan v$;$v=\sqrt{t}$;$t=1+2x$;

2. $\dfrac{\sqrt{x}}{2x}$;

3. e^{-1};

4. $\dfrac{1}{3}$;

5. $(-\infty,1)\bigcup(1,2)\bigcup(2,+\infty)$.

三、1. A;2. B;3. A;4. C;5. C.

四、1. (1)$y=\sqrt{u}$,$u=\arctan v$,$v=x+1$;

(2)$y=u^2$,$u=\tan v$,$v=\dfrac{x}{2}$.

2. (1)$\dfrac{4}{3}$;(2)$\dfrac{1}{2}$;(3)$e^{-\frac{1}{2}}$;(4)0.

3. 连续.

4. 略

5. $C(x)=40000+4250x(0\leqslant x\leqslant 100)$.

6. $y=48x-400-5\sqrt{x(x-4)}$.

第三章

习题 3-1

1. (1)6;　　(2)-2.

2. $v(t)=36$.

3. 切线方程为 $x-2y+\sqrt{3}-\dfrac{\pi}{3}=0$;法线方程为 $2x+y-\dfrac{\sqrt{3}}{2}-\dfrac{2\pi}{3}=0$.

4. $(2,\ln2)$.

5. (1)连续,不可导;(2)连续且可导.

6. $a=2,b=-1$.

习题 3-2

1. (1) $-\dfrac{1}{x^2}-\dfrac{1}{2\sqrt{x}}$;　　　　　　　　　　(2) $\mathrm{e}^x\cos x-\mathrm{e}^x\sin x$;

　(3) $y=\dfrac{1-x\ln 4}{4^x}$;

　(4) $\dfrac{1}{2\sqrt{x}}\ln x\cos x+\dfrac{1}{\sqrt{x}}\cos x-\sqrt{x}\ln x\sin x$;

　(5) $\dfrac{\mathrm{e}^x(1-x)^2}{(1+x^2)^2}$;　　　　　　　　(6) $2x\arctan x+\dfrac{x^2}{1+x^2}-\dfrac{1}{x}$;

　(7) $\csc x\left(\dfrac{1}{2\sqrt{x}}-\sqrt{x}\cot x\right)$;　　　　(8) $5^x\ln 5+6x^5$.

2. $f'\left(\dfrac{\pi}{4}\right)=1-\dfrac{\sqrt{2}}{4}+\dfrac{\pi}{2}$.

3. (1) $\mathrm{e}^{\sin x}\cos x$;　　　(2) $\dfrac{6x}{\sqrt{1-9x^4}}$;　　　(3) $-12x(1-x^2)^5$;

　(4) $y=\dfrac{-2x}{\sqrt{1-2x^2}}$;　　(5) $\dfrac{-\tan\sqrt{x}}{2\sqrt{x}}$;　　(6) $-\dfrac{1}{x^2}\sec^2\dfrac{1}{x}$;

　(7) $-\mathrm{e}^{-3x}(3\cos 2x+2\sin 2x)$;　　　　(8) $\sec x$;

　(9) $\dfrac{1}{(1-x^2)^{\frac{3}{2}}}$;　　　　　　　　　　(10) $\dfrac{1}{x\ln x\ln(\ln x)}$.

习题 3-3

1. (1) $y'=\dfrac{\mathrm{e}^x-y}{x+\mathrm{e}^y}$;　　　　　　　(2) $y'=\dfrac{y\cos x+\sin(x-y)}{\sin(x-y)-\sin x}$;

　(3) $y'=\dfrac{1+y^2}{2+y^2}$;　　　　　　(4) $y'=-\dfrac{2\sin 2x+y\mathrm{e}^{xy}+\dfrac{y}{x}}{x\mathrm{e}^{xy}+\ln x}$.

2. $y'\big|_{x=0}=\dfrac{3}{2}$

3. $5x-4y-1=0$

4. (1) $y'=(x+1)^{\sin x}\left[\cos x\ln(1+x)+\dfrac{\sin x}{1+x}\right]$;

　(2) $y'=\left(\cos\dfrac{1}{2x}\right)^{2x}\left[2\ln\cos\dfrac{1}{2x}+\dfrac{1}{x}\tan\dfrac{1}{2x}\right]$;

(3)$y' = x^x[\ln x + 1]$;

(4)$y' = \dfrac{\sqrt{x+1}(2-x)^2}{(2x-1)^3}\left[\dfrac{1}{2(x+1)}+\dfrac{2}{x-2}-\dfrac{6}{2x-1}\right]$.

5. (1)$y' = -\dfrac{2}{3}e^{2t}$;

(2)$y' = \dfrac{\cos t - \sin t}{\cos t + \sin t}$;

(3)$y' = \dfrac{3t}{2} - \dfrac{1}{2t}$;

(4)$y' = \dfrac{\cos\theta - \theta\sin\theta}{1-\sin\theta-\theta\cos\theta}$.

习题 3-4

1. (1)$4 - \dfrac{1}{x^2}$;

(2)$4e^{2x-1}$;

(3)$-\dfrac{1}{\sqrt{(x^2-1)^3}}$;

(4)$-\dfrac{16x}{(1+4x^2)^2}$.

2. (1)$(-1)^{n-1}\dfrac{(n-1)!}{(1+x)^n}$;

(2)$e^x(x+n)$;

(3)$2^{n-1}\sin\left[2x+\dfrac{\pi}{2}(n-1)\right]$.

习题 3-5

1. (1)$\mathrm{d}y = \dfrac{2\ln(1-x)}{x-1}\mathrm{d}x$;

(2)$\mathrm{d}y = 2^{\ln(\tan x)}\csc x \cdot \sec x \ln 2\,\mathrm{d}x$;

(3)$\mathrm{d}y = 4x\sec^2(1+x^2)\tan(1+x^2)\mathrm{d}x$;

(4)$\mathrm{d}y = \dfrac{x^2\sin x - \sin x + 2x\cos x}{(1-x^2)^2}\mathrm{d}x$.

2. (1)$-5x + C$;

(2)$\dfrac{3}{2}x^2 + C$;

(3)$-\dfrac{e^{-2x}}{2} + C$;

(4)$\ln|x-2| + C$;

(5)$\arcsin 2x + C$;

(6)$\tan 2x + C$;

(7)$\dfrac{1}{1+25x^2}$;

(8)$5^{x^3} \cdot \ln 5$;$5^{x^3} \cdot 3x^2 \cdot \ln 5$.

3. (1) 0.8617; (2)0.8104; (3)0.985; (4)-0.02.

测试题三

一、1. $2\sqrt{x}+C$, $\frac{1}{3}e^{3x+1}+C$; 2. 0; 3. $f''(0)=-2$; 4. 2.6367; 5. n.

二、1. B 2. C 3. C 4. D 5. A

三、1. (1) $\sin x+\sin x\ln x+x\cos x\ln x$;   (2) $-6xe^{-3x^2}$;

    (3) $3x^2\ln x+x^2-2\sin x$;   (4) $\frac{7}{8}x^{-\frac{1}{8}}$;

    (5) $\frac{1}{x-2}$;   (6) $4\cos(2x+7)$;

    (7) $-12\cos^2 4x\sin 4x$;

    (8) $\frac{\sin 3x}{x}+3\ln(2x)\cdot\cos(3x)$;

    (9) $2x\cos 3x\cdot\sec^2 x^2-3\sin 3x\cdot\tan x^2$;   (10) $\frac{1}{2x\sqrt{6x-1}}$;

    (11) $y'=\frac{(x+1)^2\sqrt{x-3}}{(3x+1)^3}\left[\frac{2}{x+1}+\frac{1}{2x-6}-\frac{9}{3x+1}\right]$;

    (12) $y'=(\sin x)^{\cos x}\left[\frac{-\sin^2 x\cdot\ln(\sin x)+\cos^2 x}{\sin x}\right]$.

2. $v(t)=gt$;   3. $3x-12y+1=0$, $3x-12y-1=0$;

4. 略;

5. $f'(x)=3x^2-4x+5$; $f'(-1)=12$.

6. (1) $y'=\frac{y}{y-1}$;   (2) $y'=\frac{1-x+y-y(y-x)\cos(xy)}{1+x(y-x)\cos(xy)}$.

第四章

习题 4-1

1. (1) $\xi=0$; (2) $\xi=\frac{8}{3}$; (3) $\xi=\frac{\pi}{2}$; (4) 不满足.

2. (1) $\xi=\frac{1}{\ln 2}$;   (2) $\xi=\frac{5\pm\sqrt{13}}{12}$.

3. 略.

习题 4-2

(1)$\cos a$；　　(2)1；　　(3)$\frac{1}{2}$；　　(4)1；　　(5)$\frac{1}{2}$；

(6)0；　　　(7)0；　　(8)2；　　(9)1；　　(10)1.

习题 4-3

1.(1)单增区间是$(\frac{1}{2},+\infty)$,单减区间是$(0,\frac{1}{2})$.

(2) 单增区间是$(-\infty,-1)$和$(1,+\infty)$,单减区间是$(-1,1)$.

(3)单增区间是$(0,+\infty)$,单减区间是$(-\infty,-1)$和$(-1,0)$.

(4)单增区间是$(-\infty,-\frac{3}{5})$和$(1,+\infty)$,单减区间是$(-\frac{3}{5},1)$.

2.略.

习题 4-4

1.(1)极小值 $f(0)=0$；

(2) 极小值 $f(3)=-47$,极大值 $f(-1)=17$；

(3) 极大值 $f(2)=1$；

(4)极小值 $f(0)=0$；

(5)极小值 $f(0)=0$,极大值 $f(2)=4e^{-4}$；

(6)极小值 $f(-1)=-1$,极大值 $f(1)=1$.

2.(1)极小值 $f(0)=0$,极大值 $f(\frac{2}{3})=\frac{4}{27}$；(2)极小值 $f(1)=2-4\ln2$.

3.$a=2e^2$.

习题 4-5

1.(1)最大值 $f(4)=138$,最小值 $f(1)=3$.

(2)最大值 $f(-1)=\frac{7}{2}$,最小值 $f(1)=-\frac{5}{2}$.

(3)最大值 $f(2)=\ln5$,最小值 $f(0)=0$.

(4)最大值 $f\left(\dfrac{3}{4}\right)=\dfrac{5}{4}$,最小值 $f(-5)=\sqrt{6}-5$.

2. $r=\sqrt[3]{\dfrac{V}{2\pi}}$, $h=2r$.

3. $x=\dfrac{a}{2}$.

4. 5h.

5. $Q=4$.

6. $x=30$,最低的平均费用是 80.

7. 长 $18\sqrt{2}$m,宽 $6\sqrt{2}$m.

习题 4-6

1. (1)凸区间为 $(0,1)$;凹区间为 $(-\infty,0)$ 和 $(1,+\infty)$;拐点为 $(0,1)$ 和 $(1,0)$;

   (2)凸区间为 $(-\infty,2)$;凹区间为 $(2,+\infty)$;拐点为 $(2,2e^{-2})$;

   (3)凸区间为 $(-\infty,-1)$ 与 $(1,+\infty)$;凹区间为 $(-1,1)$;拐点为 $(-1,\ln 2)$ 与 $(1,\ln 2)$;

   (4)凸区间为 $(4,+\infty)$;凹区间为 $(-\infty,4)$;拐点为 $(4,2)$.

2. (1)水平渐近线 $y=0$,垂直渐近线 $x=5$;

   (2)水平渐近线 $y=1$,垂直渐近线 $x=0$;

   (3)水平渐近线 $y=1$,垂直渐近线 $x=2$,$x=-3$;

   (4)水平渐近线 $y=-2$,垂直渐近线 $x=1$,$x=-1$.

测试题四

一、1. $f(b)$,$f(a)$.　　　　　　2. $a=0$,$b=-3$.

3. $f'(\xi)=\dfrac{f(b)-f(a)}{b-a}(a<\xi<b)$.

4. 驻点(或稳定点).　　　　5. $(1,-1)$.

二、1. C　　2. D　　3. D　　4. B　　5. C

三、1. (1)1;　　(2)$-\dfrac{5}{3}$;　　(3)0;　　(4)-1;　　(5)1;　　(6)1.

2. $\xi=\dfrac{3}{2}$.

3. $\xi=1$.

4.极小值 $f(2)=-48$,极大值 $f(-4)=60$.

5.极小值 $f(\frac{2}{5})=-\frac{3}{25}\sqrt[3]{20}$,极大值 $f(0)=0$;

单增区间是 $(-\infty,0)$ 和 $(\frac{2}{5},+\infty)$,单减区间是 $(0,\frac{2}{5})$.

6.$a=2$,极大值 $f(\frac{\pi}{3})=\sqrt{3}$.

7.(1)凹区间为 $(-\infty,+\infty)$;无拐点;

(2)凸区间为 $(-\infty,\frac{1}{2})$;凹区间为 $(-\frac{1}{2},0)$ 和 $(0,+\infty)$;

拐点为 $(-\frac{1}{2},-3\sqrt[3]{2})$.

8.(1)垂直渐近线 $x=0$;

(2)水平渐近线 $y=0$,垂直渐近线 $x=2,x=-2$.

9.略

四、1.250; 2.底宽 $\frac{30}{\pi+4}$m,高为 $\frac{15}{\pi+4}$m.

第五章

习题 5-1

1. (1)$\frac{2}{7}x^{\frac{7}{2}}+C$; (2)$\frac{3}{2}x^{\frac{2}{3}}-\frac{3}{5}x^{\frac{5}{3}}+C$;

(3)$\ln|x|+\frac{2^x e^x}{\ln|2e|}+\tan x+C$; (4)$\frac{2}{5}x^{\frac{5}{2}}+\frac{1}{2}x^2+6x^{\frac{1}{2}}+C$;

(5)$x-\arctan x+C$; (6)$\frac{10^x}{\ln 10}-\cot x-x+C$;

(7)$\frac{2^x}{\ln 2}-\frac{\left(\frac{2}{3}\right)^x}{\ln 2-\ln 3}+C$; (8)$\tan x-\cot x+C$; (9)$\tan x-\sec x+C$;

(10)$\frac{1}{2}(x-\sin x)+C$; (11)$\sin x-\cos x+C$; (12)e^x-x+C;

(13)$\frac{1}{2}\tan x+C$; (14)$-2\arcsin x+C$.

2.$s=2\sin t+s_0$

3. $y=-\dfrac{1}{2}x^2+2x+3.$

习题 5-2

1. $(1)-\dfrac{1}{2}\ln|1-2x|+C$;

$\qquad(2)\dfrac{1}{3}(2x-1)^{\frac{3}{2}}+C$;

$(3)\dfrac{1}{3}e^{3x+1}+C$;

$\qquad(4)-\dfrac{3}{5}\cos\dfrac{5x}{3}+C$;

$(5)-\dfrac{1}{2}\sin(1-2x)+C$;

$\qquad(6)\dfrac{1}{7}\tan7x+C$;

$(7)-\sqrt{1-x^2}+C$;

$\qquad(8)\ln(1+e^x)+C$;

$(9)\ \dfrac{1}{3}\ln^3x+C$;

$\qquad(10)\dfrac{1}{3}\ln|1+x^3|+C$;

$(11)-\cos x+\dfrac{1}{3}\cos^3x+C$;

$\qquad(12)\tan x+\dfrac{2}{3}\tan^3x+\dfrac{1}{5}\tan^5x+C$;

$(13)\dfrac{1}{3}\sin^3x-\dfrac{2}{5}\sin^5x+\dfrac{1}{7}\sin^7x+C$;

$\quad(14)\dfrac{1}{2}\ln(1+e^{2x})+C$;

$(15)\dfrac{1}{3}\arctan^3x+C$;

$\qquad(16)-2\cos\sqrt{x}+C.$

2. $(1)2\sqrt{x-1}-2\arctan\sqrt{x-1}+C$;

$(2)\sqrt{2x-3}-\ln(1+\sqrt{2x-3})+C$;

$(3)2\sqrt{x}-3\sqrt[3]{x}+6\sqrt[6]{x}-6\ln(\sqrt[6]{x}+1)+C$;

$(4)\dfrac{1}{15}\sqrt[3]{(3x+1)^5}+\dfrac{1}{3}\sqrt[3]{(3x+1)^2}+C$;

$(5)2\arcsin\dfrac{x}{2}-\dfrac{x}{2}\sqrt{4-x^2}+C$;

$(6)\sqrt{x^2-2}-\sqrt{2}\arccos\dfrac{\sqrt{2}}{x}+C.$

习题 5-3

$(1)e^x(x^2-2x+2)+C$;

$\qquad(2)\dfrac{1}{2}x^2\ln x-\dfrac{1}{4}x^2+C$;

$(3)x\sin x+\cos x+C$;

$\qquad(4)x\arcsin x+\sqrt{1-x^2}+C$;

$(5)-xe^{-x}-e^{-x}+C$;

$\qquad(6)\ -\dfrac{\ln x}{x}-\dfrac{1}{x}+C$;

(7)$\frac{1}{2}e^{-x}(\sin x - \cos x) + C$;

(8)$-\frac{1}{4}x\cos 2x + \frac{1}{8}\sin 2x + C$;

(9)$\frac{1}{2}(x^2-1)\ln(x-1) - \frac{1}{4}x^2 - \frac{1}{2}x + C$;

(10)$x\tan x + \ln|\cos x| - \frac{x^2}{2} + C$.

习题 5-4

(1)$\ln\left|\frac{x+2}{x+3}\right| + C$;　　　　　　　　(2)$\ln|(x-7)^4(x+1)| + C$;

(3)$\frac{1}{2}\ln\left|\frac{x-1}{x+1}\right| - \frac{1}{x+1} + C$;

(4)$-\ln|x-1| + \frac{3}{2}\ln(x^2-2x+5) + \frac{1}{2}\arctan\left(\frac{x-1}{2}\right) + C$;

(5)$\ln(x^2+2x+2) + \arctan(x+1) + C$;

(6)$\frac{1}{2}x^2 + x + \ln\frac{(x-3)^6}{|x-2|^5} + C$.

测试题五

一、1. $\frac{x}{1+\ln x}dx$　　　　2. $\frac{1}{2}x^2 + x\ln x - x + C$　　　3. $\cos\frac{x}{2}$

4. $\frac{1}{2}\ln|x^2+2| + C$　　　5. $-f\left(\frac{1}{x}\right) + C$

二、1. D　　2. B　　3. D　　4. C　5. A

三、1. (1)$y = \frac{2}{3}x^{\frac{3}{2}} - 2x + C$;　　　　　　　　(2)$\tan x + \cot x + C$;

(3)$\frac{3}{4}(1+\ln x)^{\frac{4}{3}} + C$;　　　　　　　　(4)$\sqrt{x^2+4} + C$;

(5)$2\sqrt{e^x-1} - 2\arctan\sqrt{e^x-1} + C$;　　(6)$\sqrt{x} - \arctan\sqrt{x} + C$;

(7)$2x\sin\frac{x}{2} + 4\cos\frac{x}{2} + C$;

(8)$x\ln(x^2+1) - 2x + 2\arctan x + C$;

(9)$\ln|x| - \ln|x-1| - \frac{1}{x-1} + C$;

$(10)\dfrac{1}{2}\ln|x^2+2x-3|+C;$ 　　　　　$(11)2e^{\sqrt{x}}(\sqrt{x}-1)+C;$

$(12)\dfrac{1}{4}\ln\left|\dfrac{x-3}{x+1}\right|+C.$

2. $y=x-\ln|x|+1.$

3. $S=t^3+2t^2.$

第六章

习题 6-1

1. $\dfrac{1}{3}(b^3-a^3)+b-a.$

2. $(1)\dfrac{1}{2}(b^2-a^2);$ 　　　　　$(2)e-1.$

3. $(1)\displaystyle\int_{-\frac{\pi}{2}}^{\frac{\pi}{2}}\cos x\,dx-\int_{-\frac{\pi}{2}}^{\pi}\cos x\,dx;$ 　　　$(2)\displaystyle\int_a^b\big[f(x)-g(x)\big]dx;$

$(3)1-\displaystyle\int_0^1 x^2\,dx;$ 　　　　　$(4)\displaystyle\int_{-1}^1(\sqrt{2-x^2}-x^2)dx.$

4. $(1)2;$ 　　　　　$(2)8.$

5. $(1)\dfrac{26}{3};$ 　　　　　$(2)-\dfrac{10}{3}.$

习题 6-2

1. $(1)20;$ 　　　$(2)a\left(a^2-\dfrac{a}{2}+1\right);$ 　　　$(3)\dfrac{21}{8};$

$(4)\dfrac{271}{6};$ 　　　$(5)\dfrac{\pi}{6};$ 　　　$(6)\dfrac{\pi}{3};$

$(7)\dfrac{\pi}{3a};$ 　　　$(8)\dfrac{\pi}{6};$ 　　　$(9)\dfrac{\pi}{4}+1;$

$(10)-1;$ 　　　$(11)1-\dfrac{\pi}{4};$ 　　　$(12)4;$ 　　　$(13)\dfrac{8}{3}.$

2. $(1)\dfrac{76}{3};$ 　　　$(2)2.$

3.(1)0;　　　　　(2)$\dfrac{1}{4}$;　　　　　(3)$\dfrac{\pi}{6}-\dfrac{\sqrt{3}}{8}$;

　(4)$\sqrt{2}(\pi+2)$;　　(5)$\dfrac{a^4\pi}{16}$;　　　(6)$\dfrac{1}{6}$;

　(7)$1-2\ln2$;　　　(8)$1-\dfrac{1}{\sqrt{e}}$;　　(9)$\dfrac{\pi}{2}$.

4.(1)0;　　　　　(2)$\dfrac{3}{2}\pi$;　　　　(3)0.

5.(1)$1-\dfrac{2}{e}$;　　　(2)$-\dfrac{\pi}{\omega^2}$;　　　(3)$4(2\ln2-1)$;

　(4)$\dfrac{1}{5}(e^\pi-2)$;　　(5)$\dfrac{\pi^3}{6}-\dfrac{\pi}{4}$;　　(6)$2-\dfrac{2}{e}$.

习题 6-3

(1)$\dfrac{1}{3}$;　　(2)发散;　　(3)π;　　(4)1;

(5)发散;　　(6)$\dfrac{8}{3}$;　　(7)$\dfrac{\pi}{2}$.

习题 6-4

1.(1)$\dfrac{1}{6}$;　　(2)1;　　　(3)$\dfrac{32}{3}$;　　(4)$\dfrac{32}{3}$.

2.(1)$\dfrac{4}{3}$;　　(2)$\dfrac{3}{2}-\ln2$;　　(3)$e+\dfrac{1}{e}-2$;

　(4)$b-a$;　　(5)$\dfrac{7}{6}$.

3.(1)$\dfrac{32}{3}\pi$;　　(2)$\dfrac{3}{10}\pi$;　　　(3)$160\pi^2$.

4.$\dfrac{128}{7}\pi,\dfrac{64}{5}\pi$.　　5.3.3(N).　　6.0.75(J).

7.2.06$\times10^5$(N).　　8.1.44$\times10^7$(N).　　9.5.77$\times10^7$(J).

10.7.70$\times10^7$(J).　　11.1.65(N).　　12.$\dfrac{4.84}{R}\times10^4$(W).

13.$I=\dfrac{I_m}{2}$.

测试题六

一、1. $\int_a^b g(x)\mathrm{d}x$；　　　2. 0；　　　　3. $2\int_0^a f(x)\mathrm{d}x$；

4. $\int_a^b f(x)\mathrm{d}x = \int_a^\beta f[\varphi(t)]\varphi'(t)\mathrm{d}t$；　　5. $\int_a^b u\mathrm{d}v = [uv]_a^b - \int_a^b v\mathrm{d}u$.

二、1. A.　　2. B　　3. C　　4. D　　5. B

三、1. ×　　2. ×　　3. √　　4. ×　　5. ×

四、1.（1）20　　　　（2）$\dfrac{21}{8}$　　　　（3）$\dfrac{1}{3}$　　　　　　（4）1

（5）$2+2\ln2$　　　（6）π　　　　（7）$\dfrac{1}{4}(1-3e^{-2})$　　（8）$\dfrac{1}{3}$

2. $\dfrac{17}{4}$.

3. $\dfrac{32}{5}\pi$.

4. 1.47×10^5（N）.

第七章

习题 7-1

1.（1）一阶；　　（2）三阶；　　（3）二阶；　　（4）一阶.

2.（1）特解；　　（2）通解；　　（3）不是；　　（4）特解.

3.（1）$\sqrt{1-x^2}\,y'-y=0$；　　（2）$y''-\dfrac{2}{x}y'+\dfrac{2}{x^2}y=0$.

习题 7-2

1.（1）$y=\dfrac{1}{\ln(C\sqrt{1+x^2})}$；　　　　（2）$y=Ce^{x^2}$；

（3）$\tan y\tan x=C$；　　　　　　　　（4）$10^{-y}+10^x=C$.

2.（1）$y^2-1=2\ln(1+e^x)-2\ln(1+e)$；　　（2）$2(x^3-y^3)+3(x^2-y^2)+5=0$.

3. $x^2+y^2=2$.

4. $V = \dfrac{mg}{k}(1 - e^{-\frac{k}{m}t})$ (比例常数 $k > 0$).

5. $u_c = u_0 e^{-\frac{t}{RC}}$.

习题 7-3

1. (1) $\sin \dfrac{y}{x} = Cx$;　　　　　　(2) $y = 2x\arctan(Cx)$;

　(3) $x - \sqrt{xy} = C$;　　　　　　(4) $y = Ce^{\frac{x^3}{3y^3}}$.

2. (1) $y^2 = 2x^2(\ln x + 2)$;　　　　(2) $\dfrac{x+y}{x^2+y^2} = 1$.

习题 7-4

1. (1) $y = \dfrac{1}{3}x^2 + \dfrac{3}{2}x + 2 + \dfrac{C}{x}$;　　(2) $y = C\cos x - 2\cos^2 x$;

　(3) $y^2 - 2x = Cy^3$;　　　　　　(4) $x = Ce^{-y} + e^y$.

2. (1) $y = \dfrac{\pi - 1 - \cos x}{x}$;　　　　(2) $y = \dfrac{2}{3}(4 - e^{-3x})$;

　(3) $y = \dfrac{1}{2x}[1 + (\ln x)^2]$.

3. $y = 2(e^x - x - 1)$.

4. $t = 60$ min.

习题 7-5

1. (1) $y = \dfrac{1}{6}x^3 - \sin x + C_1 x + C_2$;　　(2) $y = (x-3)e^x + C_1 x^2 + C_2 x + C_3$;

　(3) $y = C_1 \ln x + C_2$;　　　　　(4) $y = \arcsin(C_2 e^x) + C_1$.

2. (1) $y = \sqrt{2x - x^2}$ $(0 < x < 2)$;　　(2) $y = 2e^x - \dfrac{x^2}{2} - x - 1$.

3. $y = \dfrac{x^3}{6} + \dfrac{x}{2} + 1$.

4. $x = \dfrac{F_0}{m}(\dfrac{1}{2}t^2 - \dfrac{1}{6T}t^3)$ 　　$(0 \leqslant t \leqslant T)$.

习题 7-6

1. $y = (C_1 + C_2 x) e^{x^2}$.　　　2. 略　　　3. 略

4. $y = C_1 x + C_2 e^x + x^2$.

5. $y_2 = \varphi(x) \int \dfrac{e^{-\int p \, dx}}{\varphi^2(x)} dx$, $y = \varphi(x) \left[C_1 + C_2 \int \dfrac{e^{-\int p \, dx}}{\varphi^2(x)} dx \right]$.

习题 7-7

1. $(1) y = C_1 e^{-x} + C_2 e^{3x}$;　　　　　$(2) y = e^x (C_1 \cos 2x + C_2 \sin 2x)$;

　$(3) y = (C_1 + C_2 x) e^{-3x}$.

2. $(1) y = C_1 e^{\frac{x}{2}} + C_2 e^{-x} + e^x$;

　$(2) y = C_1 + C_2 e^{-\frac{5}{2}x} + \dfrac{1}{3} x^3 - \dfrac{3}{5} x^2 + \dfrac{7}{25} x$;

　$(3) y = C_1 e^{3x} + C_2 x e^{3x} + \dfrac{x^2}{2} e^{3x} \left(\dfrac{1}{3} x + 1 \right)$.

3. $(1) y = C_1 \cos 2x + C_2 \sin 2x + \dfrac{1}{3} x \cos x + \dfrac{2}{9} \sin x$;

　$(2) y = e^x (C_1 \cos 2x + C_2 \sin 2x) - \dfrac{1}{4} x e^x \cos 2x$;

　$(3) y = C_1 e^x + C_2 e^{6x} + \dfrac{5}{74} \sin x + \dfrac{7}{74} \cos x$.

4. $(1) y = -\dfrac{7}{6} e^{-2x} + \dfrac{5}{3} e^x - x - \dfrac{1}{2}$;

　$(2) y = -\dfrac{1}{3} \sin x - \cos x + \dfrac{1}{3} \sin 2x$;

　$(3) y = -5 e^x + \dfrac{7}{2} e^{2x} + \dfrac{5}{2}$.

5. $i = \dfrac{1}{202} (101 e^{-5t} - 25 e^{-t} + 48 \sin 10t - 76 \cos 10t)$.

6. $x = \dfrac{mg}{k} t - \dfrac{m^2 g}{k^2} (1 - e^{-\frac{k}{m} t})$.

测试题七

一、1. 含有未知函数的导数或微分的方程.

2. $\dfrac{\mathrm{d}y}{\mathrm{d}x}=f(x)g(x)$.　　　　　3. $y=\ln|x|+C$.

4. $y=Ce^{2x}$.　　　　　5. $r^2-5r+6=0$.

二、1. C　　2. B　　3. C　　4. A　　5. A

三、1. ×　　2. ×　　3. √　　4. ×　　5. √

四、1. (1) $y=x^3+C$;　　　　　(2) $y=-\dfrac{1}{3}+Ce^{\frac{3}{2}x^2}$;

(3) $s=-\sin t+C_1t^2+C_2t+C_3$;　(4) $e^y=Cx^2y$;

(5) $y=\dfrac{1}{2}(\sin x+\cos x)+Ce^{-x}$;　(6) $y=Ce^{4x}-e^{3x}$;

(7) $y=\dfrac{1}{2}\ln^2 x+C_1\ln x+C_2$;　(8) $y=C_1e^{-2x}+C_2e^{x}$;

(9) $y=C_1e^{-3x}+C_2e^{-x}-\cos x+\dfrac{1}{2}\sin x$;

(10) $y=C_1+C_2e^{-9x}-\dfrac{1}{5}\cos 3x-\dfrac{1}{15}\sin 3x$.

2. (1) $y=(4+26x)e^{-6x}$;

(2) $y=1+x^2+\sqrt{1+x^2}\left[\ln(x+\sqrt{1+x^2})-\dfrac{1}{2}\right]$;

(3) $y=e^{-x^2}(\dfrac{1}{2}x^2+1)$;

(4) $y=e^y|\ln(e^x+1)-x+1|-1$;

(5) $y=2xe^{-3x}+\dfrac{5}{6}x^3e^{-3x}$.

3. $y=(1-x)e^{2x}$.

4. $x=0.02\cos 10\sqrt{gt}$.

参考文献

［1］屈宏香．应用数学．石家庄：中国铁道出版社，2001.
［2］黄晓津等．高等数学．长沙：湖南教育出版社，2007.
［3］同济大学数学教研室．高等数学．第六版．北京：高等教育出版社，2007.

参考文献